My
Sweet Srategy

我的甜蜜战略

张蓓蕾 = 著　　吕文轩 = 摄影

Harbor House = 部分图片提供

恋爱中的女人
Women in Love

山东美术出版社

写给每一个
热爱生活的"甜心"

　　我是地地道道的"甘党",嗜甜如命到几近成魔,这个味道早已渗入骨髓深处,弥漫至身体的每一个细胞,如此说来自诩"甜心"也不为过。

　　受了《你好,我是金三顺》的电击后爱上了做甜品,自此着迷。喜欢让家人和朋友分享自己的手艺和用心,感受他们满足和快乐的表情,每当他们用雀跃地语气说:"太感动了,Babe 我真是爱死你了!"或是"弱弱地问一句,我能再要一个吗?"我都会因为这种"被需要"而一整天舒心愉悦。

　　自己动手做的蛋糕,即使模样不完美,但因为有了手心的温度就变得与众不同。当面粉、鸡蛋、奶油经过搅拌烘焙后温暖出炉,变得香味四溢,仿佛顷刻间就有了生命。每一份倾注浓浓心意的DIY作品,一定都带着幸福的成就感。

　　曾经看到一张很温馨的照片,画面中的英国前首相撒切尔夫人,脱下紧绷的职业战袍,系着围裙为先生女儿做饭,不由感慨着这个被誉为"铁娘子"的政界女强人,原来也有那么亲切和温良淑德的一面,这比她尊贵的首相头衔和显赫的政绩更让人尊敬。尽管现在处处提倡男女平等,女人和男人一样在职场独当一面,冲锋陷阵,但女人在独立自信的同时并不应该就此失去了女人味。会做蛋糕的女孩子当然是吸引人的,因为懂得生活——当你因此赢得更多的欣赏、关注和赞美,友谊已经不请自来,那,爱情还会遥远吗?相信我,甜心是不会成为剩女的。

　　甜心们,穿上围裙开始实施你的甜蜜战略吧,每一个热爱生活的你,都能成为西洋果子店的女主人。

目录 contents

Part 1

甜心们，准备好了吗？ ...1

从最简单的材料和用具开始 ...3

甜心秘籍，教你不会失败的独门大法 ...6

Part 2

Cheese 控 ...9

最正统的提拉米苏，超级简单 ...12

初恋提拉米苏，We'll always fall in love again ...20

轻熟女乳酪蛋糕 ...28

健康优酪蛋糕，谁说 Cheese 很罪恶 ...36

成长中的烘烤乳酪蛋糕，Before & After ...42

怀旧的乳酪蛋挞 ...50

清爽宜人的乳酪蛋糕，岁月静好，Cheese 飘香 ...58

Part 3

浓情巧克力 ...67

红茶巧克力蛋糕卷,英式茶会人气 No.1 ...70

平安夜的巧克力蛋糕 ...78

情人节的巧克力蛋糕,轻松抓住他的心 ...86

魅力巧克力慕斯蛋糕 ...94

Part 4

魔法水果篮 ...103

令人憧憬的水果蛋糕卷 ...106

元气香蕉卷,美妙的早餐仪式 ...114

草莓之吻千层派 ...122

柠檬蛋糕,云端的味道 ...130

果果结婚蛋糕,开启幸福的序幕 ...138

Part 5

Shopping Guide ...147

后记 ...151

甜心们，准备好了吗？ **Part 1**

"朵儿咖啡馆每天的甜点都不一样。星期一,生乳酪蛋糕。星期二,提拉米苏。星期三,手指泡芙……"

一直想要一个像朵儿那样的咖啡馆,有一面不加修饰、充满质感的裸墙,上面挂满世界各地的明信片;有一个透明的雪柜,摆满各色诱人的手工蛋糕;还要有大大的落地窗和暖暖的阳光,窗外是葱茏苍翠和姹紫嫣红——这应该也是很多人的梦想吧。

朵儿的咖啡馆很特别,除了售卖甜点和咖啡,其他商品都用来交换,以物易物的经营方式承载了很多人的故事,串起散落在城市角落里的温暖情感,以人生换人生的惊喜。

看完《第36个故事》,突然觉得自己很像影片中的朵儿,画图、泡咖啡、做甜品……我的甜品也是用来交换的,我换到了喜悦、赞美,还有很多很多的爱。

甜心们,准备好了吗?我们也开一间 Private Café,把所有的深情,用亲手做的甜品静默地表述出来,招待所有爱着的人吧。

从最简单的材料和用具开始

烘焙电器工具 Must Buy 》》》》》

1

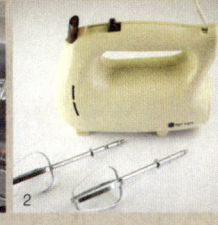
2

3

4

烤箱:很多甜心会把带烧烤功能的微波炉和烤箱混为一谈,大错特错啦!带烧烤功能的微波炉只有3档火力调控,不能设定预热的温度,用微波炉做甜品,90%以上要失败的。(图1)

电动打蛋机:用电动打蛋机打发鲜奶油、鸡蛋,制作蛋白糖霜,方便快捷又省力,倘若用打蛋器来做当然也可以,但是至少我是手都打酸了它们也没有半点要"发"的意思。(图2)

打蛋器:主要用于搅拌混合,选择大小合适、钢圈数多的打蛋器。(图3)

打蛋盆:打发和混合原料时的必要容器。最好选用耐用易清洗的不锈钢材质,准备小、中、大3个尺寸。(图4)

圆形活动底蛋糕模(不粘型):圆形的蛋糕模是最常用的,不粘的特性和活动的底盘方便脱模,非常好用。一般准备6寸和8寸两个尺寸即可。

方形慕斯蛋糕模:制作慕斯蛋糕、传统提拉米苏时使用,准备6寸和8寸两个尺寸即可。(图5)

方形烤盘:一般烤箱内附带,用于制作饼干或者烤海绵蛋糕。

慕斯圈:用于制作慕斯蛋糕,小型的慕斯圈也能在做饼干时压出各种形状。(图6)

圆形披萨盘:用于制作披萨、蛋挞及派。(图7)

量杯和量勺:用于计量砂糖、牛奶等原料。(图8/13)

5

6

7

8

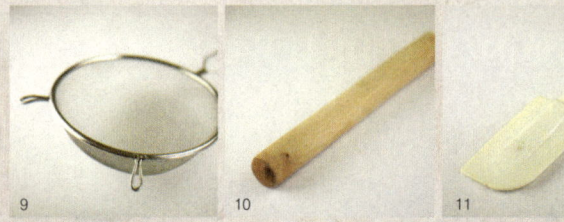

滤网：用于过筛面粉、可可粉等粉质，让颗粒之间进入空气；也用于过滤奶油材料，使其更细腻柔滑。（图9/14）

擀面杖：做饼干、蛋挞时使用，选30~40厘米的最实用。（图10）

搅拌刀：分为塑料和木质两种，用于搅拌材料，也用于涂抹蛋糕表面。（图11）

刮刀：用于刮平蛋糕表面，使其更美观。（图12）

毛刷：用于刷糖浆、蛋液等。（图15）

烘焙纸：耐热的烘焙专用纸，铺垫在模具中。（图16）

铝膜：做慕斯蛋糕时垫在慕斯圈下做底，也可覆盖在模具上让烘烤时的温度传导更均匀。（图17）

裱花袋和花嘴：挤奶油、裱花时使用，配合不同花嘴就能挤出各种形状，常用的为圆形和星形。建议使用一次性裱花袋。（图18）

秤：用于秤量材料。

烤箱温度计：用于测量烤箱内预热的温度。

喷雾器：用于保持蛋糕表面的湿度，小型的化妆用喷雾瓶即可。

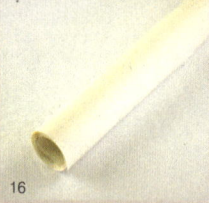

以身边的材料轻松制作 »»»»»

对于绝大多数和我一样的小资甜心来说，烘焙是游戏、是消遣、是娱乐、是享受，而不是任务和折磨。我们一不考证书，二不开店，没必要像三顺那样成为专业的烘焙师，所以，那些复杂难弄的都不在我们学习的范围之内。甜心们放心，我们要的就是简单。

鸡蛋：最最基本的材料，蛋糕之所以叫蛋糕，之所以蓬松柔软，都必须依赖鸡蛋的强大力量。一般使用中等大小的鸡蛋。

黄油：最好使用不含食盐的黄油，以保证甜品的纯正口感。

砂糖：常用的白砂糖即可。加入砂糖不仅是添加了甜味，也能让材料变得蓬松、柔滑光亮，延长了甜品的保质期。如果你是对口感比较挑剔的甜心，建议使用口感更纯正的烘焙专用砂糖。

糖粉：用于制作掼奶油，也用于最后的装饰。超市内售卖的冰糖粉也可以。

低筋面粉：蛋白质含量平均在 8.5% 左右，适合制作口感柔软、组织疏松的蛋糕、曲奇、饼干等西式甜品。

牛奶：做乳酪蛋糕的乳酪奶油时经常会用到，全脂牛奶比起低脂牛奶能让甜品的风味更浓郁。

鲜奶油：做乳酪蛋糕、慕斯蛋糕等甜点时的必备原料，也经常用于蛋糕的裱花装饰。植物性鲜奶油质地比较轻薄，适合做冰激凌、慕斯蛋糕。动物性鲜奶油容易打发，适合蛋糕的涂抹和裱花。

奶油奶酪：在牛奶中添加鲜奶油而制成的未成熟乳酪，是做乳酪蛋糕时不可缺少的原料。

马斯卡邦尼奶酪：用轻质奶油加入酒石酸制成，严格来说应该归类于凝结奶油而非奶酪，保质期比较短，售价比较高昂。是做传统提拉米苏的原料，也可以用于拌色拉和做西餐。

巧克力：用市面上常见的黑巧克力、牛奶巧克力就可以，而那些添加抹茶、草莓味的巧克力，以及带有坚果的巧克力就不适合。

可可粉：制作甜品需要用不添加其他口味的纯可可粉，加入砂糖或者牛奶的冲调型可可粉就不太适合。

泡打粉：也叫发粉，是制作蛋糕、饼干时使材料迅速疏松的一种膨胀剂。

玉米粉：玉米粉常被用作蛋糕、布丁等甜品的凝固剂。

朗姆酒：用甘蔗制作的蒸馏酒，口感香甜，酒香浓郁，常用于鸡尾酒和甜品制作中。做甜品时适量添加，会让甜品的口感层次更丰富。如果不是平时喜欢小酌一杯的甜心，建议买小瓶或分装的小份就可以了。

香草香精：在制作甜品时适量添加会增添香草的味道，使甜品的味道更富于变化，更有层次。

浓缩柠檬汁：制作甜品、西餐和调酒时经常会用到。清新舒爽的口感，能去除蛋的腥味，中和甜品的甜腻感。

提升形象的包装材料 》》》》

纸质蛋糕盒：选择结实的硬制纸盒，方便馈赠亲朋好友。

各种形状的纸盒、纸袋：用于装各种形状的蛋糕、蛋糕卷。

马口铁盒：用于装饼干、曲奇。

饼干袋：用于装饼干、曲奇及纸杯蛋糕。

塑料蛋糕纸：用于包裹重磅蛋糕，注意一定是要食品级的才卫生和安全哦。

油纸：用于包裹蛋糕，也可用于蛋糕盒内的衬底。

纸质包装纸、棉布、麻布、毛毡：用于最外层的包装和装饰。

粘纸、标签、丝带：做最后的点缀和装饰。

甜心秘籍，教你不会失败的独门大法

预热 》》》》

预先加热，即让烤箱空烤一段时间达到指定温度后再烘烤食物，预热时间视温度而定，一般在10~20分钟不等。

打发 》》》》

就是鸡蛋、蛋白及鲜奶油的起泡。

1. **鸡蛋的打发**：蛋糕的成败很大程度取决于鸡蛋的力量，蛋糕不蓬松几乎都是鸡蛋没有打发好。当泡泡变得细腻、发出光泽，而且手部会感到有些沉重时举起搅拌器，若能如同丝带般慢慢吹落，且褶痕不会马上消失，那就对了。

Point：可将打蛋盆装进有热水的容器中隔水加热，这样鸡蛋能充分打发，而且与其他材料混合不容易消泡。为了让空气顺利进入，需要将打蛋盆微微倾斜，从底部开始搅拌，这也是成功的关键。

2. **蛋白的打发**：即制作蛋白糖霜。加砂糖是最大的要点。首先，在蛋白里加一小撮砂糖开始打发，当蛋白变得蓬松雪白后就是正式加砂糖的时候啦。不要一次全部加入，分2~3次，边加边搅拌，就能变成有光泽的、完美的蛋白糖霜了。

Point：打发时打蛋盆里千万不能有油和水分。打发时从底部开始搅拌，就可整体起泡。砂糖较少的蛋白糖霜若放置时间太长泡泡会慢慢消

失,因此做好后要马上与其他材料混合。

3. **鲜奶油的打发,分为六分发、七分发、八分发3种。**

    六分发:这是做慕斯蛋糕时需要的硬度,慢慢举起搅拌器,奶油会粘稠而缓慢地流落。(图1)

    七分发:在其他油脂类材料里混合奶油的硬度,慢慢举起搅拌器,奶油会稍微停留,再缓慢流落。(图2)

    八分发:这是在蛋糕上做最后装饰、裱花时需要的硬度。慢慢举起搅拌器,奶油前端会变成三角状,像小山一般。(图3)

    Point:鲜奶油只要在稍微变热的情况下就很难打发,所以打发时要将打蛋盆放进装有冰块的容器里保持冰冷的状态。

    甜心们一定要记住鸡蛋打发、蛋白糖霜的制作要点以及鲜奶打发的三种状态哦,这是制作蛋糕成功与否的关键所在。

回复室温 〉〉〉〉〉

黄油、奶酪移出冰箱,在常温下放置一段时间变软,手指按压之后出现凹陷,这样容易搅拌,做出柔滑的材料。如果时间紧迫,也可以用微波炉中火加热使其变软。

和烤箱亲密互动 〉〉〉〉〉

1. 烤箱因为型号、体积不同,烘烤程度也有所差异,所以预热时间每个烤箱都不相同,在预热后用温度计测量一下最保险。

2. 做同样的蛋糕,因为模具的不同,烘烤时间也要有所不同。例如,用圆形蛋糕模烤海绵蛋糕,就用较低的温度慢慢烘烤;但如果用烤盘,因为模具比较浅,容易烤熟,就用稍高的温度短时间烘烤。

3. 要随时注意烤箱内的情况,如果发现蛋糕表面出现焦的颜色,在中途覆盖上铝膜继续烤。

脱模大作战 >>>>>

搞定了烤箱还不能沾沾自喜,还有"脱模"这最后的关键一步,掉以轻心就很容易导致最后的成品变得残缺和不完美。

对脱模抵触的甜心不妨试试烤盘油,在做蛋糕前用毛刷适量沾取烤盘油,在模具表面均匀地刷上薄薄一层,脱模就会变得容易许多。

没有烤盘油的甜心,可以按照如上图示事先准备(以6寸圆形蛋糕模为例):
1. 剪两张5×35厘米的长条烘焙纸,以十字交叉状放入。
2. 剪一张直径18厘米的圆形烘焙纸,铺在底部。
3. 剪两张6.5×30厘米的烘焙纸(或一张6.5×60厘米的)铺在侧面。

提拉米苏、慕斯蛋糕脱模时可以用热毛巾热敷一会儿,也可选择带活底的模具,让脱模容易许多。

简易微整形 >>>>>

万一脱模时失手,蛋糕边缘的奶油掉了一小块,或者表面变得不平整,也不用担心"一失足成千古恨",用加热过的小刀沿着边缘刮一下就可以恢复啦。

Cheese 控

Part 2

Cheese 控

如果我要写一个故事是关于爱情的,那这个故事一定和 Cheese 的味道有关。

每一次为他在厨房里忙碌的时光,都觉得自己像一个编导,指挥着那些 Cheese、奶油、糖浆、面团们卖力起舞,演出结束,演员们躲进盛装的包装盒,连同心情便条一起交到他手上——这仿佛是一个仪式。而我,只要收获一个微笑、一个拥抱、一个亲吻就足够了。

"我中招了,给我解药吧!"他故作痛苦地央求。

我无奈地摊开双手:"抱歉,我只是个学艺不精的业余小巫婆。"

对于菜鸟级的甜心来说，烤箱多少是让人敬畏的。常常辛苦忙活半天却在进烤箱的最后一步功亏一篑，浪费了那么多材料，简直暴殄天物，烤糊蛋糕的那种沮丧心情，一下子就能把才建立的热情之火浇熄。很多人就是在最初的失败后自此罢手，而那些费了很多精力和银两觅来的烘焙用品就只能在厨房吊柜的顶层里修身养性了。

所以，从最最简单的蛋糕开始培养兴趣是成为蛋糕达人的第一步。这款传统的提拉米苏，材料简单，不用烤箱，不需要技术，只要掌握了蛋白糖霜的制作要点，会搅拌、会摆放，即使你从来没做过蛋糕，都能做得很像样，特别适合没有任何基础的初学者。聪明的甜心们只要跟着步骤一步步来，我承诺你能做出五星级酒店一样的好味道、好品相。

加油，人生的第一个蛋糕成功了，离骨灰级甜心也就不远啦！

最正统的提拉米苏，超级简单

蛋糕档案

大　　小：8寸
材料成本：约70元
制作时间：约2小时（其中包含1小时冷藏时间）
热　　量：1/8片，约380卡

材料

底层：手指饼干8支、咖啡粉2大勺、朗姆酒1大勺

乳酪奶油：马斯卡邦尼奶酪500克、鸡蛋2个、白砂糖100克、可可粉少许

事先准备:
1. 方形慕斯圈用锡纸做底,垫上厚纸质底膜。
2. 将蛋黄和蛋白分开。
3. 马斯卡邦尼奶酪回到室温。

	2
1	---
	3

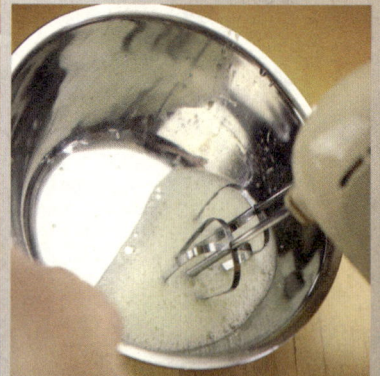

做法 》》》》

1. 咖啡粉用150毫升热水冲成黑咖啡，加入朗姆酒。
2. 蛋白中加入一小撮糖，用电动打蛋机4档速度打发。
3. 蓬松后将砂糖分三次加入，边加入边用3档速度打发。
4. 打发到捞起前端会出现竖起的三角形的小山状。
5. 搅拌马斯卡邦尼奶酪，之后加入蛋黄继续搅拌均匀。
6. 将步骤4分两次加入步骤5（以下简用数字替代），轻轻搅拌，使其相融。

最正统的提拉米苏，超级简单

7	8	
9	10	11

16　我的甜蜜战略

7. 将1刷在4支手指饼上，放入模具底，排列整齐。
8. 将6分一半倒入模具，盖住第一层手指饼干。
9. 将1刷在剩余的4支手指饼上，在8上摆放整齐。
10. 倒入剩余的6。
11. 刮平，放入冰箱冷藏。
12. 1小时后取出脱模，将可可粉用滤网均匀撒满表面。

最正统的提拉米苏，超级简单

蓓蕾的小叮咛 》》》》

1. 做好锡纸模底之后,不要忘记垫上厚的纸质底模哦,不然锡纸不能承受蛋糕本身的重量,移动蛋糕进冰箱、脱模、装进盒子都将会是极其艰巨的任务。
2. 这个蛋糕制作中,蛋白糖霜是关键。做蛋白糖霜时切记,砂糖最初只能加一小撮,当蛋白整体起泡后,再分三次将糖依次加入。如果加砂糖的时间太早,或一次性加入全部,就会做出稀稀的蛋白糖霜,这样就失败啦。

为甜品穿上 新衣

柔美的粉蓝色纸盒清新淡雅,在盒盖中央装饰蕾丝纸垫,写上朋友的名字以及问候语,再用同色系丝带围绕包扎,收到的那位一定惊喜加倍。

最正统的提拉米苏,超级简单

Tiramisu 在意大利语里有"记住我"、"带我走"的含义,关于提拉米苏的由来,流传着很多不同的故事。让我心仪的,总是与爱情有关的那个童话——记住的不只是美味,还是幸福。

糖的甜、Espresso 的苦、蛋的蓬松润泽、手指饼干的绵密、乳酪的馥郁芬芳、朗姆酒的醇香、可可粉的干爽,甜美中交织着其他味觉的变化,一层层演绎出来。这滋味常常让我不想言语,只愿被这种如同初恋的气氛所包围。

关于提拉米苏的食谱,同样流传着很多不同的版本,被我中意、让我欢喜的,总是最简单的做法,几种寻常材料搅拌、堆摆一下轻松搞定,就像我坚持的恋爱态度,不要复杂,自在就好。

你吃过几种不同的提拉米苏?你有过多少段爱情?

无论你吃过多少个正统的、创新的、改良的、Fusion 的提拉米苏,也请带着初恋的心情再尝尝我做的这个。奶油、奶酪替代了马斯卡邦尼,更清爽;卡布奇诺代替了 Espresso,更温柔;咖啡力娇酒代替了朗姆酒,更激情——只是一点小小的改变,就让口感大大的不同。

就像那部《初恋 50 次》的电影,每一天都是崭新的,都享受着"人生若只如初见"的浪漫。是的,每一天,我们都要重新相爱,或者把每次恋爱都当作初恋,为人生漫长的周而复始,不断地加入新的惊喜。

在纷乱拥挤的尘世间,我一直在坚持做梦。

初恋提拉米苏
We'll always fall in love again

蛋糕档案

大　　小:6寸
材料成本:约50元
制作时间:约2小时(其中包含1小时冷藏时间)
热　　量:1/8片,约280卡

材料

底　层：手指饼干8支、速溶卡布奇诺咖啡粉2大勺、咖啡力娇酒1大勺
乳酪奶油：蛋黄2个、牛奶50毫升、砂糖60克、卡夫涂抹奶油奶酪 250克、鲜奶油50毫升、明胶粉5克

事先准备：
1. 方形慕斯圈用锡纸做底，垫上厚纸质底膜。
2. 奶油奶酪回复室温变软。
3. 明胶加2大勺水泡开。
4. 将手指饼干两端的圆弧切掉。

1	2
3	

做法 》》》》

1. 将牛奶加热到快沸腾状态后,加入泡开的明胶。
2. 咖啡粉冲成咖啡,加入咖啡力娇酒。
3. 将蛋黄和一半砂糖放进打蛋盆,用打蛋器打散。
4. 加入1搅拌均匀。
5. 用打蛋器搅拌奶酪,加入剩余的砂糖继续搅拌。
6. 一点点倒入4,边倒边搅拌,使其成为柔滑的奶油状。

初恋提拉米苏,We'll always fall in love again

我的甜蜜战略

7. 用过滤网过滤。
8. 将鲜奶油用电动打蛋机打发到六分。
9. 将7和8用搅拌刀混合。
10. 将一半量2刷在4支手指饼上,放入模具底排列整齐。
11. 将9分一半倒入模具,盖住第一层手指饼干。
12. 将另一半2刷在剩余4支手指饼上,在10上摆放整齐。
13. 倒入剩余的9,刮平放入冰箱冷藏。
14. 30分钟后取出脱模,将可可粉用滤网均匀撒满表面。

13

14

蓓蕾的小叮咛 》》》》》

1. 卡夫涂抹奶油奶酪比常规型的奶油奶酪质地更轻软,更适合做提拉米苏,甜心们不要买错咯。
2. 记得用滤网过滤,要让口感不打折扣,就不能够偷懒。

为甜品化个妆 》》》》》

如果这是为他特意做的生日蛋糕,那再精心装扮一下吧。用金色的皇冠蛋糕插牌插在蛋糕一侧,暗喻他是今天的绝对主角,再加几枚新鲜薄荷叶作点缀,绝对能和专卖店媲美了。

为甜品穿上 新衣

既然是代表初恋情结的蛋糕，那就用一个色调清雅的蛋糕盒来装下你的爱，再选一张小巧的生日卡，写上满满的祝福一并附上，这将会是生日宴会上最受瞩目的礼物。这样贴心的百分百 Hand-made Gift 一定让他超级暗爽、超级有面子的，然后，你就在他的朋友圈子里出名啦！

初恋提拉米苏，We'll always fall in love again

这也是一款不需要进烤箱就能完成的傻瓜蛋糕,而且味道清爽,多吃几次都不会厌腻。只要用时令水果和奶油稍作装点,就能像专卖店成品一样漂亮诱人。

"轻熟女"是我对这款蛋糕最贴切的形象比喻,半成熟的制作方法,就像现在的我们处在Loli和御姐的临界处。同样是轻盈娇俏的外表,还有丰厚成熟的内心。这是种很迷人的姿态,褪却青涩,尚未妖艳,平和恬淡,静好如秋日的一泓清水。

这让我常常联想起一个我非常喜欢的女明星,瓷娃娃般青春少女的外表下,包裹的是熟女丰满强大的内心。我是女人都爱她爱得要死,何况男人呢?

做这样的女人,品这样的蛋糕,在嘈杂的世界里风轻云淡地过浅调子生活。

轻熟女乳酪蛋糕

蛋糕档案

大　　小:6寸
材料成本:约30元
制作时间:约3小时(其中包含2小时冷藏时间)
热　　量:1/8片,约380卡

材料

底饼层：原味消化饼干80克、无盐黄油40克
乳酪层：蛋黄2个、砂糖60克、牛奶150毫升、明胶粉5克、奶油奶酪200克、鲜奶油100毫升、柠檬汁1大勺、香草香精2~3滴
掼奶油：鲜奶油100毫升、糖粉15克
装饰水果：蓝莓160克

事先准备:
1. 消化饼干用擀面杖捣碎。
2. 黄油隔水加热溶解。
3. 奶酪回复室温变软。
4. 鱼胶加2大勺水泡开。
5. 裱花袋上装直径1.5厘米圆形花嘴。

做法 〉〉〉〉〉

1. 将捣碎的消化饼干放进打蛋盆，和溶解的黄油用刮刀混合均匀。
2. 将1倒入模具铺好，盖上保鲜膜压紧，放入冷藏室。
3. 将牛奶用微波炉中高火加热2分钟，达到快沸腾的状态。
4. 将蛋黄和一半砂糖放进奶锅，用打蛋器搅拌混合。
5. 慢慢倒入牛奶，继续搅拌混合。
6. 将奶锅移到炉上开小火，用搅拌刀混合直至煮到粘稠。用搅拌刀捞起，以手指在上面划线，如果没有拉丝，就离火。
7. 加入泡开的明胶，混合到充分溶解。
8. 奶油奶酪用打蛋器搅拌，加入剩余的砂糖搅拌混合。

4	5	6
7	8	

32　我的甜蜜战略

9. 在8中慢慢加入7,整体混合,使其完全相融,变成柔滑的奶油状。
10. 将9用滤网过滤,使其更柔滑。
11. 将鲜奶油用电动打蛋机打发到六分。
12. 将11加入10,用搅拌刀混合。
13. 加柠檬汁和香草香精混合。
14. 在2里倒入13,盖上保鲜膜,放入冷藏室2小时冷却凝固。
15. 将鲜奶油和糖粉隔冰水打发到八分。
16. 取出蛋糕脱模,将掼奶油装进裱花袋,在蛋糕最外圈挤出水滴状。
17. 在一圈奶油水滴中间用蓝莓铺满。

蓓蕾的小叮咛 >>>>>

1. 奶油奶酪回复室温变软,搅拌起来才会容易,而且可以使材料柔滑。如果时间紧迫,可以放入微波炉用低火加热1分钟。
2. 注意每一个步骤,按部就班,加热牛奶时注意不要沸腾,稍冷却后,边倒入奶锅边搅拌,以免蛋黄受热凝结。
3. 步骤9和10不可以偷懒,不过滤不隔冰水打发会影响口感哦。
4. 用裱花袋制作水滴,轻轻挤一下后再往上提,就能做出饱满可爱的形状。

为甜品穿上新衣

　　朴素的颜色，浪漫的法文印刷，用麻绳以十字交叉方式将盒身围绕包裹，别致又典雅。

温馨鼓励 》》》》》

　　甜心们有没有发现，两款提拉米苏和轻熟女乳酪蛋糕的制作方法非常的相似？在第一个提拉米苏初战告捷后，相信对付后面两个稍稍有点复杂的，甜心们也一定不在话下。

　　没错，烘焙一点都不复杂。只要掌握了关键的步骤和小小的技巧，你很快也能像 Babe 一样举一反三，发明创造咯。

亦舒师太常说:"人生苦短,先吃甜品。"可是,这个美味诱人的小可爱往往有着惊人的卡路里,女人们面对甜品,似乎一直无法抗拒,总是一边不遮掩地流露出幸福的神态,一边又哀叹,此刻的"享受"马上就要变成明天的"想瘦"了。甜品啊,永远都是女人心头的爱和纠结。

那有没有简单易做、好吃不易胖的例外?当当当当,健康优酪蛋糕,闪亮登场!

这是最 Light,吃起来最没有罪恶感的 Cheese Cake,满足口腹之欲却不用担心小肉肉爬上身来,最适合对身材斤斤计较、锱铢必究的甜心啦。

另外,甜心们注意咯,从今天起,我们就要开始和烤箱亲密互动了。别担心,一步一步由浅入深地慢慢来,摸准烤箱的脾气,和它好好相处,你会发觉它和你的那个他一样,其实很听话可爱。

健康优酪蛋糕,谁说 Cheese 很罪恶

蛋糕档案

大　　小:6寸
材料成本:20元
制作时间:约2小时(其中包含1小时烘烤时间)
热　　量:1/8片,约250卡

材料
- 优酪奶油：奶油奶酪500克、砂糖80克、鸡蛋1个、玉米粉2大勺、优酪乳1罐（约130克）
- 饼底层：原味消化饼干80克、无盐黄油20克

1	2
3	4

事先准备:
1. 奶油奶酪回复室温。
2. 鸡蛋打成蛋液。
3. 黄油隔水加热溶解。
4. 消化饼干用擀面杖捣碎。
5. 烤箱预热150℃。

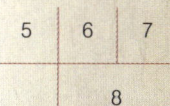

做法 >>>>>

1. 将捣碎的苏打饼干放进打蛋盆，和溶解的黄油用刮刀混合均匀。
2. 将1倒入模具铺好，盖上保鲜膜压紧，整个放入冷藏室。
3. 将奶油奶酪和砂糖用打蛋器搅拌混合均匀。
4. 加入玉米粉继续搅拌。
5. 加入蛋液继续搅拌。
6. 加入优酪乳搅拌混合。
7. 将6倒进模具里，提起离桌面10厘米高度，自然落下1~2次，排空空气。
8. 覆盖上铝膜烤60分钟左右，脱模。

蓓蕾的小叮咛 >>>>>

1. 因为烘烤时间长，蛋糕表面很容易出现烤痕，可在模具表面覆盖上铝膜。
2. 烤完的蛋糕表面有些凝固，将蛋糕放在阴凉的地方冷却，之后放进冷藏室，冰24小时更美味哦。
3. 优酪乳要买原味的，不然会有多余的热量跑出来，这对于减肥中的甜心可不是个好消息。

蓓蕾的幸福提案 >>>>>

不妨再放两包纤扬茶在里面吧，不但充满清甜的荷叶和桂花香，还有保持身材的功效。许她一个这般完美的 Tea Time，她一定会为你的贴心感动无比的。

为甜品穿上新衣

美味又不会给身材造成负担的健康蛋糕,是送给姐妹淘的最好礼物,所以要选一个有含义的包装来装下你的心意。

拥有落日黄昏般颜色的烘烤乳酪蛋糕，带着一见就有好食欲的迷人光泽。

这是一个神奇的蛋糕，刚出炉的时候是柔和酥松的味道，倘若在冰箱里安睡一夜，乳酪会因为变得湿润而具有更浓郁的风味。

所以，这也是一个用和缓的、不匆忙的心情来慢慢品味的蛋糕，因为需要等待，等待时间将它雕琢，让它走向成熟。

想象一下，从今天到明天，有一种叫时间的东西缓缓流过，我和我的蛋糕一起慢慢成长，变得更丰厚沉静，各自走向一个更美好的自己。时间，真是 Amazing。

一直觉得，一个人能给予别人最好的礼物就是自己。所以当他问我："你会给我你的一切吗，宝贝？"我几乎不假思索地说："只要我能给，都拿去。"因为，我早已做好了准备，每一天，我都要把那个更好的自己，给你。

成长中的烘烤乳酪蛋糕
Before & After

蛋糕档案

大　　小：6寸
材料成本：约25元
制作时间：约2小时（其中包含50分钟烘烤时间）
热　　量：1/8片，约260卡

材料

基底：低筋面粉30克、奶油奶酪200克、砂糖45克、蛋黄3个、鲜奶油90毫升、原味优酪乳70毫升、无盐黄油30克、香草香精2~3滴

蛋白糖霜：蛋白2个、砂糖30克

事先准备:

1. 低筋面粉过筛。
2. 奶油奶酪回复室温变软。
3. 黄油隔水溶解。

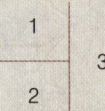

做法 〉〉〉〉〉

1. 用打蛋器搅拌奶油奶酪，变得松软后再加砂糖继续搅拌。
2. 将蛋黄逐个加入搅拌混合。
3. 加入鲜奶油搅拌混合。
4. 加入优酪乳继续搅拌混合。
5. 加入溶解的黄油搅拌混合后，加香草香精迅速混合。

| 4 | 5 |

6. 加低筋面粉搅拌混合。
7. 蛋白内加一小撮砂糖,用电动搅拌器4档打发。
8. 均匀蓬松后,改为3档打发,将砂糖分三次加入,边加入边打发。
9. 打发到捞起后前端会出现竖起的三角形小山状。
10. 将9和6混合,为避免将气泡弄破,用打蛋器从底部捞起搅拌。
11. 将材料倒入模具内,将模具提起离桌面10厘米的高度后落下1~2次,排空模具内的空气。
12. 烤箱预热到170℃,烤40~50分钟,完全冷却后脱模。

	6	
7	8	9

10 | 11
   | 12

成长中的烘烤乳酪蛋糕，Before & After　　47

蓓蕾的小叮咛 〉〉〉〉〉

混合蛋白糖霜的时候不要用画圈的手势，这样会把气泡弄破，烤出的蛋糕便不再蓬松。要从底部轻轻捞起混合。

为甜品穿上 新衣

　　取两张油纸，裁成25×25厘米的大小，以十字交叉的方式重叠，将蛋糕放于中间。四角提起，将蛋糕装于盒子里，周围空隙用碎纸铺满。

　　在盒盖上用烘焙主题的粘纸作装饰，手写的字体有着独一无二的、温暖的手工感。

前年春天的日本旅行，造访京都是旅途中一段意外的温柔。

这是个恋旧的地方，川端康成笔下1930年代的日本仍在那里留着依稀的影子，随着自己的性情缓缓地生长。在这个什么都讲究"快"的匆忙时代，京都的光阴却不温不火，有一种难得的、让人感动的、安静从容的美好。

对京都的感觉是淡然的，旧而温醇，像昨夜的月光绵绵地卷进今天的印象。这不仅仅是个精致无比的优雅古城，在那里世代生活的京都人，他们的生活造就了京都的灵魂。一尘不染的街道，温暖的住家小院，岁月的沧桑变幻在屋宇的一砖一瓦和木纹间显露出来。走在京都街头，仍然可以感受到在流逝的岁月中，人们优雅地生活着，并且将一直这样生活下去。

我还记得，那个弥漫着青草香的午后，我坐在咖啡馆里，桌上有一片酥松柔和的乳酪蛋挞，还有一杯温热的红茶，不知名歌手的吟唱和红茶的氤氲在小小的空间里一起浅浅地飘荡。我望着窗外的街道，紫樱粉色的"雪花"在树阴间柔柔地飞舞，整条街洒满细碎斑驳的光影，岁月恬淡，人间清欢，这种温暖的幸福，真的可以让人遗忘时间。

在有温暖阳光造访的季节里，我会在花园里小坐一会儿，有绚烂的花朵和心仪的音乐陪伴，也是一杯红茶，一片乳酪蛋挞，回望那些遥远的路程，那些不经意间蹉跎的岁月和流年，那些一去不复返的深深浅浅的悲欢，把所有关于旅行、关于生活的美好细节重温一遍。

怀旧的乳酪蛋挞

蛋糕档案

大　　小：8寸
材料成本：15元
制作时间：约3.5小时（其中包含1.5小时静置和冷藏时间，45分钟烘烤时间）
热　　量：1/8片，约240卡

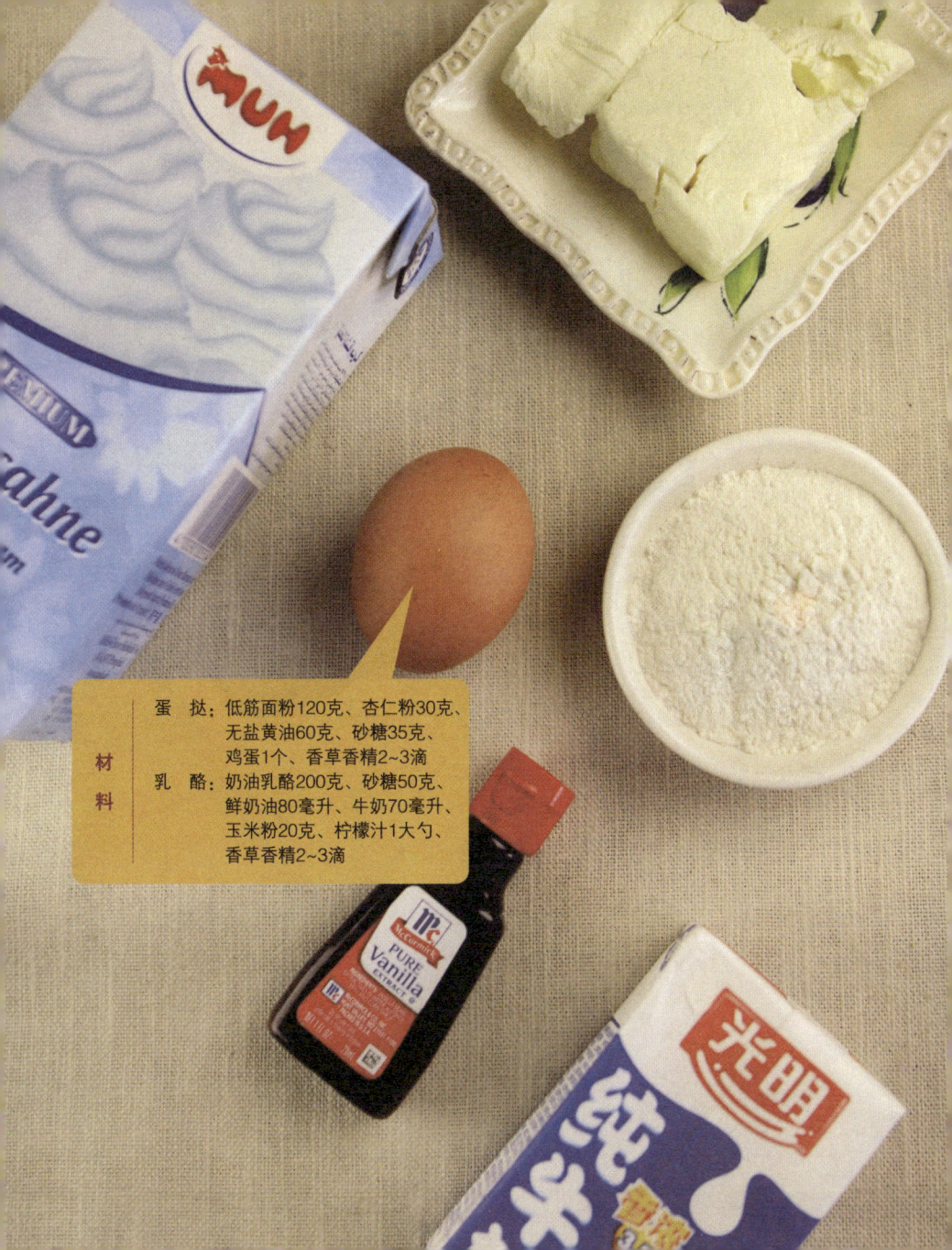

材料

蛋挞：低筋面粉120克、杏仁粉30克、无盐黄油60克、砂糖35克、鸡蛋1个、香草香精2~3滴

乳酪：奶油乳酪200克、砂糖50克、鲜奶油80毫升、牛奶70毫升、玉米粉20克、柠檬汁1大勺、香草香精2~3滴

1	
3	2

事先准备:

1. 将鸡蛋打成蛋液。
2. 低筋面粉过筛。
3. 黄油和奶油奶酪回到室温。
4. 烤盘上薄薄刷上一层植物油。

4	5	
6	7	8

做法 >>>>>

1. 用打蛋器搅拌黄油,砂糖分2~3次加入,边搅拌边混合。
2. 一点一点加入蛋液,再加香草香精迅速混合。
3. 加入低筋面粉,用刮刀以切的手势大致混合。
4. 混合物变蓬松后用保鲜膜覆盖,放进冰箱冷藏室静置30分钟。烤箱预热到180℃。
5. 将少量面粉撒在桌上作为手粉,取出4轻轻揉搓。
6. 材料揉成一团后,用擀面杖擀成比模具稍大的3毫米厚的挞皮。
7. 用擀面杖卷起挞皮,轻轻覆盖到模具上。
8. 滚动擀面杖,压掉多余材料。

怀旧的乳酪蛋挞

9	10	11
12	13	14

9. 沿着底和侧面，用手指轻轻按压，让面饼和模具贴合。
10. 用叉子在底部刺洞后，放进冰箱冷藏1小时。烤箱预热180℃。
11. 将剪成正方形的纸叠在上面，压上黄豆、红豆或大米，进烤箱烤10分钟。拿掉重物后再烤10~15分钟，静置冷却。
12. 用打蛋器搅拌奶油奶酪，加入砂糖继续搅拌混合，再一点一点加入鲜奶油搅拌混合到柔软。
13. 加入牛奶搅拌混合。
14. 轻轻撒入玉米粉，混合到没有坨块的状态。

15	16	17
		18

15. 加柠檬汁和香草香精混合。
16. 用过滤网过滤，使其更细腻柔滑。
17. 将混合好的乳酪材料倒入铺好挞皮的模具里。
18. 烤箱预热到160℃，烤约20分钟，冷却脱模。

蓓蕾的小叮咛 〉〉〉〉〉

1. 烤蛋挞皮时一定要覆盖重物哦，不然挞皮膨胀后，底部和模具会不贴合。
2. 步骤18须注意烤箱内的情况，如果蛋挞表面出现烤色，就要覆盖上铝膜，不然，样子就不美丽啦。

为甜品穿上 新衣

取一个食品级塑料袋,包裹蛋挞。
用和风味的包装纸做一个大信封,
将包好的蛋挞放入,封口。
用麻绳以十字交叉缠绕包裹,
打上蝴蝶结。

这款 Soft Cheese Cake 是我和他的挚爱，绵软酥松的海绵蛋糕外，包裹着如同冰激淋般雪白柔滑的 Cream Cheese，仅仅看着，心仿佛就被融化了。

浓郁的情怀、丰富、充满惊喜的清新口感，却用最简单的材料如此轻描淡写地表白，仿佛经历过的、感悟过的、狂喜过的、悲怆过的、挣扎过的，最后都一一沉淀在心里深厚积存。我依然爱得汹涌而热烈，只是，我的表达开始变得和缓而内敛。

很多时候，某些喜好、某种固执的坚持是不会厌腻的。喜欢吃的东西，哪怕吃过很多遍，还是会满心期待地想拥有下一次，就好像即便你拥有很多很多的爱，还是会贪心地希望可以再多一点。

爱在很多时候，需要用一种味道来完成。我想，我和他的回忆里，一定弥漫着 Cheese 甜甜的奶油香。

我会依靠着这种熟悉的味道让我珍贵的记忆永远不要模糊，我甚至傻傻地想，即便有一天我们在潮水般的人流里迷失，也依然能顺着 Cheese 的味道找到彼此。

清爽宜人的乳酪蛋糕，岁月静好，Cheese 飘香

蛋糕档案

大　　小：25×6.5×8厘米
材料成本：约30元
制作时间：约4小时（其中包含3小时冷藏时间）
热　　量：1/6片，约380卡

材料	
海绵蛋糕：	低筋面粉75克、泡打粉1/4小勺、蛋黄2个、色拉油3大勺、牛奶3大勺、香草香精2~3滴、蛋白3个、砂糖40克
奶油奶酪：	奶油奶酪200克、砂糖30克、鲜奶油80毫升、柠檬汁1大勺
糖　浆：	砂糖10克、水60毫升
装　饰：	草莓、薄荷叶适量

事先准备：

1. 奶油奶酪回到室温。
2. 将低筋面粉和泡打粉混合过筛。
3. 糖浆用砂糖和水煮沸后冷却。
4. 烤箱预热180°C。
5. 剪一张27×27厘米的烘焙纸，垫进烤盘。

1 2 3

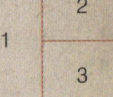

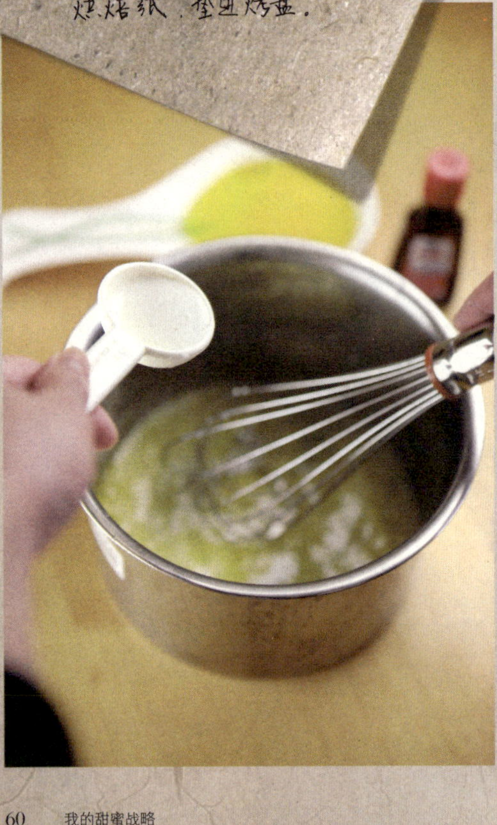

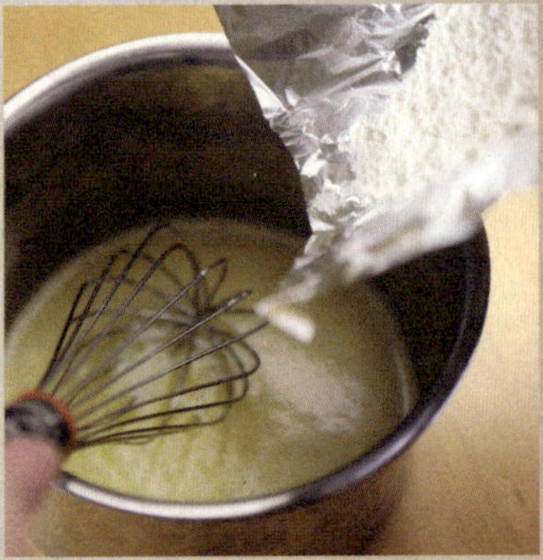

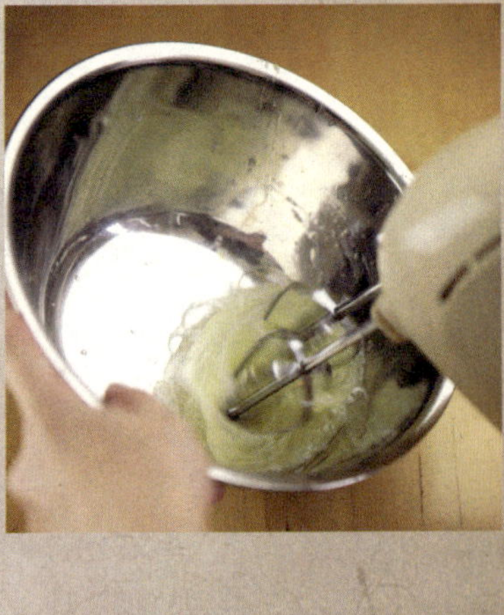

1. 蛋黄用打蛋器打散，依顺序加入色拉油、牛奶、香草香精混合，每种材料边加入边混合搅拌。
2. 加入过筛后的低筋面粉和泡打粉混合。
3. 蛋白中加一小撮砂糖，用电动打蛋机以4档打发。
4. 均匀蓬松后，将砂糖分三次加入，将电动打蛋机改为3档，边加入边打发。
5. 打发到捞起时前端会出现竖起的三角形的小山状。
6. 将半量5加入2，用打蛋器轻柔混合材料。

清爽宜人的乳酪蛋糕，岁月静好，Cheese 飘香

7. 加入剩余的5混合，此时为了避免泡泡消失，用打蛋器从底部捞起混合。
8. 倒入烤盘，用刮刀向四周摊开抹平。
9. 用喷壶在表面喷水，放入已预热的烤箱烤约13分钟。用竹签刺，若未沾材料就OK。
10. 趁热将蛋糕连同纸一起放入塑料袋内。
11. 将奶油奶酪和砂糖一起搅拌，混合到柔滑。
12. 将鲜奶油抵在冰块中用电动打蛋机打发到七分。

7	8	9
10	11	12

13. 将12加入11，用打蛋器混合。
14. 变柔滑后，加柠檬汁迅速搅拌混合。
15. 将塑料袋中的海绵蛋糕取出，撕掉纸，将边缘切掉修整齐后，分成四等份。用毛刷在表面涂上糖浆。
16. 在一层海绵蛋糕上均匀涂抹14，之后叠上海绵蛋糕，如此反复，最后在蛋糕表面和四周全部涂抹上剩余的奶酪奶油。然后放入冷藏室3小时，使所有材料完全相融。在蛋糕表面装饰上草莓和薄荷叶。

13	
14	
15	16

清爽宜人的乳酪蛋糕，岁月静好，Cheese 飘香

蓓蕾的小叮咛 >>>>>

1. 为了防止烘烤时干燥，可在表面用喷雾器喷水保湿。
2. 海绵蛋糕趁热放进塑料袋是为了让蒸汽不失散，所以不能偷懒省略哦。
3. 每次涂抹奶酪奶油后叠上海绵蛋糕就要用手稍微压一下整理形状，这样最后的成品形状才漂亮。
4. 奶油不必涂得平整光滑，刻意留下痕迹，显得朴素自然。

为甜品穿上 新衣

将蛋糕装入长方形的蛋糕提盒,以蕾丝垫纸覆盖盒盖。将丝带以X形在盒子中间缠绕,打上蝴蝶结。

温馨鼓励 》》》》》

只要掌握了最基本的海绵蛋糕的做法,就能变幻出很多种类。如果出色地完成了这次的蛋糕,那之后的几个巧克力蛋糕,即便看着有点复杂,也都是小Case。

Part 3

浓情巧克力

浓情巧克力

那个风雪之夜,薇安带着她小小的女儿来到保守刻板的小镇,谁都不曾料想,曾经破败的小点心铺仿佛被薇安用巧克力施了魔法,最终成为人们冷漠心灵的救赎。

《浓情巧克力》是一部弥漫着童话气息的电影,薇安用像巧克力一样散发着浓香的温情打动了小镇的人们,并安定于此,然后,春天来了,芬芳散开了。

很少有人能抵御巧克力的诱惑,那种浓郁的、甜美的、陶醉的、热烈的感觉,从味觉的满足到精神的愉悦,再慢慢到心灵的开启。我一直相信,巧克力有一种可以打开人们内心隐秘的神奇力量,就像爱情。

生活,当然是需要巧克力来调味的,尤其当心情阴郁潮湿的时候,更要犒赏自己一点巧克力制造晴朗,这时候会有一种满足和释然——至少,我还拥有巧克力的美妙滋味呢。

把爱和巧克力一起加进蛋糕里,一定会出现奇迹。

当红茶遇到巧克力，会起怎样的化学反应？

红茶巧克力蛋糕卷，红茶的微微苦涩中和了海绵蛋糕的甜腻，当巧克力的浓郁混入红茶的清香，口感层次一下子变得丰富起来，初尝浓郁，回味舒爽，甜美却也清新，一切都配合得刚刚好。就像天空里两颗偶然相遇的年轻星星，惊讶于彼此绽放的光芒，感觉世界就是从这一刻开始，然后有了长长的相聚。

如果你正有计划办一场英式的下午茶会，建议你一定要将这充满Fusion感的蛋糕作为甜品单上的首选，此款老少通吃、人见人爱的蛋糕卷，一定是人气No.1。

选一个阳光和煦温和的午后，约上三五知己、新朋旧友在家里诗意地缱绻，分享小女人们的柔情心事，有音乐、咖啡、甜点的陪伴，直到天暗了、天倦了，暮色中的窗口开始透出暖融融的灯火……

这份淡定从容，才是生活的本色。

红茶巧克力蛋糕卷，英式茶会人气No.1

蛋糕档案

大　　小：27×27厘米烤盘份
材料成本：25元
制作时间：约2.5小时（其中包含1小时冷藏时间）
热　　量：1/8片，约240卡

材料	
海绵蛋糕：	低筋面粉75克、红茶包1个、鸡蛋3个、砂糖60克
红茶液：	红茶7克、热开水90毫升
奶 油：	牛奶巧克力40克、鲜奶油200毫升、红茶3克
糖 浆：	砂糖10克、水60毫升

事先准备：

1. 将做海绵蛋糕用的红茶包拆开，将红茶粉和低筋面粉混合过筛。
2. 红茶液将红茶用热水泡开，焖5～10分钟，准备3大勺红茶液。
3. 糖浆用砂糖和水煮沸后冷却。
4. 烤箱预热180℃。
5. 烤盘铺烘焙用纸。

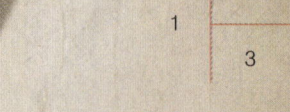

做法 》》》》》

1. 蛋打散，加砂糖边隔热水加热，边用电动打蛋器打发。
2. 加热到皮肤温度时，离开热水继续打发到捞起如丝带状滴落的程度。
3. 加入过筛的面粉，用打蛋器从底部大幅捞起混合。
4. 加入红茶液迅速搅拌均匀。
5. 将4倒入烤盘，用搅拌刀抹开弄平。
6. 在表面用喷雾器喷水，放入已预热的烤箱烤10~15分钟，用竹签刺没有粘连就可以了。

7	8	9
10	11	12

7. 趁热将海绵蛋糕连同纸一起装入塑料袋里。
8. 巧克力隔水加热溶解。
9. 鲜奶油加热到快沸腾时离火,加红茶,盖上锅盖充分焖透。
10. 用滤网过滤到8。
11. 将8抵在冰水里,用电动打蛋器打发到八分。
12. 将海绵蛋糕倒扣后撕掉纸,再取一张烘焙纸,将蛋糕有烤色的那面朝上放在烘焙纸上,将一边斜斜地切掉一点(这边卷到最外面)。在蛋糕上以3厘米左右的间距轻轻划刀痕,用毛刷薄薄刷上糖浆。
13. 涂抹上巧克力奶油。
14. 拿起纸轻轻压着,将没有斜切过的那段作为起点来卷。
15. 卷好后整理好造型,用保鲜膜包好,进冰箱冷藏室冷藏1小时。

蓓蕾的小叮咛 》》》》》

1. 鸡蛋打发时注意温度,务必打发到丝带状滴落的状态。
2. 蛋糕要卷得整齐漂亮,就要在蛋糕一端斜斜切掉一点,涂抹奶油不要整个涂满,涂抹到离边缘约1厘米处。

为甜品穿上 新衣

怀旧色调的蛋糕盒显得沉稳又雅致,
有着非常英式的古典美。
装入包好的蛋糕卷,不需要再作装饰,
就能体面地送人啦。

初识圣诞，是在儿时翻阅的画报上。教堂长出了尖窗和钟塔，月晕、钟声、赞美诗，暖暖玻璃内的丰盛晚餐和热闹派对，炉火上的火鸡……

长大后，无法忘却的温暖氛围化成了定格的记忆，圣诞节在这座越来越摩登西化的城市里变成了鲜活的画面和飘香的味道，还有无与伦比的节日浪漫。

明亮的圣诞树、慈爱的圣诞老公公、礼物、大餐，还有满满的爱，这样的圣诞节才圆满。

蓬松的巧克力海绵蛋糕，卷成了树桩的模样，柔滑的巧克力奶油随意涂抹，仿佛粗砾的树皮，简单的蛋糕卷立刻摇身变成令人垂涎的圣诞节蛋糕了。那么动人可爱，让人无心等待平安夜钟声的敲响，真想马上就大快朵颐。一口接一口的满足感，一定是上帝的恩赐吧？

在璀璨的焰火下拉着彼此的手许下心愿，问天使借一双翅膀飞向奇迹的伊甸园，我希望我的人生就像这树桩蛋糕，在小小的甜蜜里划过一个又一个年轮。

平安夜的巧克力蛋糕

蛋糕档案

大　　小：27×27厘米烤盘份
材料成本：20元
制作时间：约1小时
热　　量：1/8片，约300卡

材料：
- 可可海绵蛋糕：低筋面粉70克、可可粉15克、蛋3个、砂糖90克、牛奶2大勺
- 巧克力奶油：黑巧克力50克、鲜奶油100毫升、巧克力豆20克
- 糖浆：砂糖15克、水60毫升

事先准备：
1. 低筋面粉和可可粉混合过筛。
2. 糖浆用砂糖和水煮沸后冷却。
3. 烤盘铺烘焙用纸。
4. 烤箱预热180℃。

1 | 2

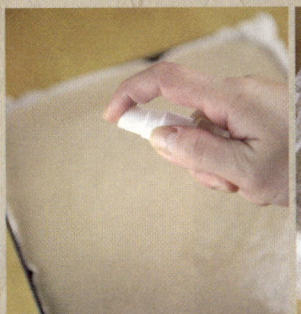

做法 》》》》

1. 蛋打散，加砂糖，边隔热水加热，边用电动打蛋器打发。
2. 热到皮肤温度时，离开热水继续打发到捞起如丝带状滴落的程度。
3. 加入过筛的粉，用打蛋器从底部大幅捞起混合。
4. 加牛奶，迅速混合。
5. 将4倒入烤盘，用搅拌刀向四周涂抹刮平。
6. 在表面用喷雾器喷水。
7. 在已预热的烤箱里烘烤10~15分钟，用竹签刺，不粘竹签就可以了。趁热将蛋糕连同纸一起放进塑料袋里。

8. 巧克力边隔水溶解，边倒入鲜奶油。
9. 将8抵在冰水里打发到八分。
10. 海绵蛋糕撕掉纸，修整边缘后切成三等份。在表面刷上糖浆。
11. 在蛋糕表面用搅拌刀涂抹巧克力奶油，撒上巧克力豆。
12. 将一片卷起来后竖立，再接着卷上其余的蛋糕片，做成树墩样子。

11
12

平安夜的巧克力蛋糕　83

蓓蕾的小叮咛 〉〉〉〉〉

1. 卷蛋糕时注意手势,接缝处卷要稍加按压,以手指固定好,然后再继续卷,这样才会咬合紧密,不会散开。
2. 要做出朴实笨拙的树墩状,奶油不必涂抹得很细致,从边缘露出一点才显得质朴可爱。

蓓蕾的偷懒妙招 〉〉〉〉〉

如果甜心们觉得巧克力慕斯做起来有点麻烦的话,可以将150克牛奶和黑巧克力一起用中火溶解,放凉后加入40克的鲜奶伴侣,用电动打蛋机以4档大致混合后,以2档速度打发就可以啦。

为甜品穿上 新衣

取一张蛋糕挂签,画上应景的图案,写上祝福。
取一张油纸剪成圆形,将油纸放于塑料蛋糕纸中央。
蛋糕放于油纸上,将塑料蛋糕纸四角提起往中间围拢,稍作整理,
以丝带扎紧后,穿上挂签,打上蝴蝶结。

选一种花代言爱情，无疑是玫瑰；选一种食物表白爱情，一定是巧克力。

这个情人节送他什么礼物呢？领带、手表、钢笔？这些都很好，但显得有些庸常。一直觉得，能买到的东西，即便贵价，也不见得就是最好的，真正金贵的，应该是唯一的、限量的、无法复制和量产的。

所以，不妨再自己动手做一个巧克力蛋糕给他吧。在当天提前15分钟内，把蛋糕先交由服务员暂时保管，寻常的礼物在餐前送给他。当用餐结束，服务员把事先藏好的蛋糕交到他手上的时候，他一定会被这个出其不意的甜蜜小阴谋惊讶地说不出话来。那一刻，就让爱在静默中进行，相信很多年以后，关于这个情人节晚餐的浪漫记忆还会萦绕在彼此的心头。

做他的巧克力情人，成就他生命里最甜美的缘分。

情人节的巧克力蛋糕，轻松抓住他的心

蛋糕档案

大　　小：6寸
材料成本：约40元
制作时间：约3.5小时（其中包含2.5小时冷藏时间）
热　　量：1/8片，约430卡

材料	可可海绵蛋糕：低筋面粉70克、可可粉15克、鸡蛋3个、砂糖90克、牛奶2大勺
	巧克力奶油：牛奶巧克力200克、鲜奶油300毫升
	糖　　浆：砂糖20克、水80毫升
	装　　饰：巧克力豆适量

事先准备:
1. 把低筋面粉和可可粉混合在一起过筛。
2. 糖浆用砂糖和水煮沸,冷却。
3. 烤箱预热180℃。
4. 巧克力隔水溶解。

4	5
	6

做法 》》》》

1. 鸡蛋打散,加砂糖边隔热水加热,边用电动打蛋器打发。
2. 加热到皮肤温度时,离开热水继续打发到捞起如丝带状滴落的程度。
3. 加入过筛的粉,用打蛋器从底部大幅捞起混合。
4. 加牛奶,迅速混合。
5. 将4倒入模具。
6. 将模具抬高到离桌面10厘米,然后掉落到桌面上1~2次,排空多余的空气。放入烤箱烤30~35分钟,用竹签刺,不粘竹签即可。

情人节的巧克力蛋糕,轻松抓住他的心

| 7 | 8 | 9 |

7. 把鲜奶油一点点倒入溶解的巧克力中，用搅拌刀慢慢搅拌混合。
8. 变柔软后用保鲜膜覆盖，放入冷藏室冷却1.5小时。
9. 将海绵蛋糕横切成两片，取其中一片薄薄刷上糖浆。
10. 将刷上糖浆的一片蛋糕放入模具后，在其上涂抹巧克力奶油。
11. 再叠上一片蛋糕，最后倒入巧克力奶油。
12. 撒上巧克力豆，进冰箱冷藏1小时，脱模。

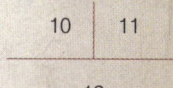

情人节的巧克力蛋糕,轻松抓住他的心

蓓蕾的小叮咛 〉〉〉〉〉

1. 混合时从底部捞起大幅度混合,尽量减少混合的次数,减少泡泡的消失。
2. 奶油混合到变柔软后,就放入冰箱冷却,再用刮刀刮平就能变得有光泽。

为甜品穿上 新衣

　　关于爱情的蛋糕当然要用粉色的蛋糕盒来承载。将白色蕾丝以十字交叉方式包裹盒身，打上蝴蝶结，再将三朵干燥珍珠玫瑰修整后以玫红色丝带扎紧，将其固定在蕾丝蝴蝶结上，最后附上情人节卡片。

仿佛一夜之间,整座城市就被爱情攻陷了。这一天,是爱情盛开的时节,所有的美好都被贴上了爱的标签,灯火是温馨的,脚步是轻盈的,时光仿佛都只为相爱的人驻足留步,连空气里都飘散着粉色的、甜蜜的成分。

今年的情人节又将如期而至,你想如何度过这个罗曼蒂克的节日,遵循传统、别出心裁,还是另辟蹊径?无论哪一种创意的表达,美丽的爱情一定不能少了甜品的陪衬,当爱情遭遇甜美,无数美丽的幻想都会好梦成真。

这款蓬松的巧克力慕斯蛋糕,就是情人节的应景甜品,不加明胶,仅以巧克力本身的力量来凝固,拥有入口即化的柔滑口感,虽然有浓厚的味道,但余韵却是清淡的,充满魅力。就像真正美好的爱情,一定有着愉悦的、没有负担的轻松氛围。

你是否希望为心仪的人营造一出暗香浮动的"美味关系"呢?那么就别再错过情人节与巧克力慕斯的浪漫约会,给你的爱人惊喜,为你们的爱情加温。

魅力巧克力慕斯蛋糕

蛋糕档案

大　　小:27×27厘米烤盘份
材料成本:约25元
制作时间:约2.5小时(其中包含1.5小时冷藏时间)
热　　量:1/8片,约350卡

材料

可可海绵蛋糕：低筋面粉70克、可可粉15克、鸡蛋3个、砂糖90克、牛奶2大勺
巧克力奶油慕斯：鸡蛋1个、砂糖15克、鲜奶油100毫升、牛奶巧克力100克
巧克力酱：黑巧克力30克、鲜奶油50毫升

事先准备：

1. 把低筋面粉和可可粉混合在一起过筛。
2. 糖浆用砂糖和水煮沸，冷却。
3. 牛奶巧克力和黑巧克力隔水溶解。
4. 烤箱预热到180°C。

做法 >>>>>

1. 三个蛋打散,加砂糖,边隔热水加热,边用电动打蛋器打发。
2. 加热到皮肤温度时,离开热水继续打发到捞起如丝带状滴落的程度。
3. 加入过筛的粉,用打蛋器从底部大幅捞起混合。
4. 加牛奶,迅速混合。
5. 将4倒入烤盘,用搅拌刀向四周抹平。
6. 用喷雾器在表面喷水。
7. 在已预热的烤箱里烤10~15分钟,用竹签刺,不粘竹签就可以了。趁热将蛋糕连同纸一起装入塑料袋中。
8. 一个蛋加砂糖边隔水加热,边用电动打蛋器打发。出现粘稠后离开热水打发到如丝带般垂落。
9. 鲜奶油用电动打蛋机打发到八分。

5	6	
7	8	9

10	
12	11

10. 将溶解的牛奶巧克力加入9，用打蛋器大幅捞起混合。
11. 尚未完全融合时加入8，再混合均匀，成为巧克力慕斯，入冰箱冷藏半小时使之冷却。
12. 将海绵蛋糕撕掉纸，修整边缘后切成三等份，在表面涂抹上糖浆。
13. 取一片蛋糕，围上慕斯围边，倒入11。
14. 用搅拌刀抹平后再叠放上第二层蛋糕，如此重复，放入冷藏室1小时冷却凝固后，拿掉慕斯围边。
15. 溶解黑巧克力，将鲜奶油倒入其中，用搅拌刀搅拌混合到柔滑，成为黑巧克力酱。
16. 在蛋糕表面随意倒上巧克力酱。

13	14	15
	16	

魅力巧克力慕斯蛋糕 99

蓓蕾的小叮咛 >>>>>

1. 制作慕斯蛋糕时,蛋的打发是关键。要隔热打发到粘稠,然后再离开热水继续打发到变凉,不能偷懒哦。
2. 鲜奶油一定要打发到八分,如此和蛋混合才能蓬松。
3. 黑色的可可蛋糕在烘烤中若出现烤色比较难判断,因此必须随时注意烤箱内的情况,千万别烤过头。用手指触摸,有弹性时用竹签刺,太早用竹签刺会形成凹陷,样子就不漂亮了。
4. 慕斯围边质地比较软,不太好弄,建议甜心们可以选择吐司盒,如前文"脱模大作战"中那样垫上烘焙纸就可以了。

为甜品穿上 新衣

半透明的盒盖有着若隐若现的磨砂质感,让人对里面的蛋糕充满了好奇。原有的图案已经很漂亮,只要用丝带稍作装点就很完美了。

蓓蕾的小叮咛 》》》》》

聪明能干的甜心们,现在应该已经掌握最基本的海绵蛋糕的作法了吧?是否发现,在"浓情巧克力"篇中所介绍的蛋糕都是以巧克力海绵蛋糕为基础?其实,只要稍稍变化,就能做出各种搭配和组合,所以,烤出蓬松有弹性的海绵蛋糕,是很多种甜品成功的前提和保证。而在接下来的甜品制作中,都将需要海绵蛋糕发挥巨大的美味力量,甜心们继续努力哦,A Za A Za Fighting!

魔法水果篮

Part 4

魔法水果篮

每次做水果蛋糕,背景音乐一定是《魔法水果篮》的主题歌。简单的旋律,被冈崎律子带着童音气质的嗓音温柔地演绎,像新鲜水果般润泽甜美又没有负担,显得特别应景。我常常一边做蛋糕,一边跟着轻轻地哼唱,然后搅拌、揉捏的手势里仿佛都有了音乐的律动。

还记得那个看着这部动画片度过的夏天,那个沉溺在故事里感动的夏天。故事里的每个人都有心酸苦涩的往事,但每个人都生活得美好和勇敢。希望有一天,我也能成为像小透那样的女孩,用一种温柔又坚定的力量,让自己和周遭人的生命之旅优美而饱满。

亲爱的,在那个遥远的、空气中弥漫着水果清香的夏日午后,我就开始憧憬着,有一天要为你亲手做一个小小的水果蛋糕,加进爱的魔法,然后穿越整座城市,把这个蛋糕交到你手上。

现在,我真的做到了。

三角形的蛋糕上覆盖着细密的糖霜，点缀着绛紫色的蓝莓，如同冬天的森林里被皑皑白雪覆盖的童话小屋，可爱的造型，已经让人欢喜。

奶油的滋润柔滑，海绵蛋糕的绵密醇和，再加上时令水果的点缀，令口感清爽又充满变化。这是一款百搭的轻盈小点，无论外观还是风味，都是超人气，不管是出现在下午茶还是正餐，它都会是宠儿。

倚在阳光微微流泻的窗台边，晒晒太阳、喝喝花草茶，闲散的日子就是这样纯粹，暖融融的调子拽住脚步，让人不想挪动身体，就这样懒懒地享受阳光和美食，任凭时间的流逝。

音响里恰到好处地放着 Kevin Kern 的《绿色花园》，我知道，我又被这柔情的旋律打动了。

令人憧憬的水果蛋糕卷

蛋糕档案

大　　小：27×27厘米烤盘份
材料成本：15元
制作时间：约2小时（其中包含优酪乳1小时静置脱水时间）
热　　量：1/8片，约250卡

材料	
海绵蛋糕：	低筋面粉80克、鸡蛋3个、砂糖65克、无盐牛油20克、香草香精2~3滴
优酪乳奶油：	鲜奶油150毫升、糖粉30克、原味优酪乳200毫升
糖浆：	砂糖10克、水60毫升
水果：	黄桃1个、奇异果1个、罐头樱桃少许
装饰：	糖粉、草莓

事先准备:

1. 低筋面粉过筛。
2. 黄油用微波炉加热或隔水溶解。
3. 糖浆用砂糖和水煮沸后冷却。
4. 优酪乳放入用吸油纸覆盖的滤网里,静置1小时除去水分。
5. 黄桃、奇异果切成1厘米的小丁。
6. 烤箱预热到180℃。
7. 烤盘铺烘焙用纸。

做法 >>>>>

1. 蛋打散，加砂糖，边隔热水加热，边用电动打蛋器打发。
2. 加热到皮肤温度时，离开热水继续打发到捞起如丝带状滴落的程度。
3. 边加入过筛的面粉，边用打蛋器从底部大幅捞起混合。
4. 加溶解的黄油和香草香精，迅速混合。
5. 将材料倒入烤盘，用搅拌刀向四周涂抹刮平。
6. 在表面用喷雾器喷水，放入已预热的烤箱烤10~15分钟。用竹签刺，不粘稠即可。
7. 趁热将海绵蛋糕连同纸一起放入塑料袋里。

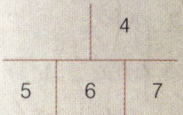

8. 将装有鲜奶油的打蛋盆抵在冰水里，加入糖粉。用电动打蛋机打发到六分。
9. 将打蛋盆移出冰水，加入沥干水分的优酪乳，用打蛋器整体搅拌混合到柔软。
10. 将海绵蛋糕撕掉纸，将有烤色的那面朝下放。以7厘米的宽度轻轻划三条线后，将蛋糕翻面。
11. 薄薄刷上糖浆后涂抹优酪乳奶油，撒上水果丁。
12. 从宽度最小的一边开始折，轻轻卷成三角形。整理形状，用保鲜膜包好，放入冷藏室冷却1小时。
13. 用加热过的小刀切掉蛋糕卷两端，撒上糖粉，装饰上草莓。

令人憧憬的水果蛋糕卷

蓓蕾的小叮咛 >>>>>

1. 优酪乳要沥干水分,形成蛋白糖霜似的形状(右页小图)。
2. 卷三角前在蛋糕表面划痕,注意,一定要轻划,如此卷成的三角形才漂亮。

为甜品穿上新衣

古朴的原木色包装盒虽然简单,但绝对不平凡。

试想一下,当打开纸盒,看见里面色彩缤纷的水果卷,这份对比会是如何惊喜?这正如我们一直听到的那句英语谚语——You can't judge a book through the cover。

在巴厘岛的日子，身上的每一个细胞都全情投入在散漫的氛围里。

每天清晨，阳光很腼腆，仿佛依旧睡眼惺忪。我沿着开满鲜花的小径散步到酒店临海的高脚屋餐厅里用早餐。切两片土司烤得焦香，涂上厚厚的果酱，再倒上一杯色彩艳美的鲜榨果汁，让浓浓的热带风情在味蕾上起舞，顷刻间，有种偷得浮生半日闲的清新畅快。

海风吹过白色的纱幔，有光影撒在身上，空气中弥漫着鸡蛋花的香味，我面对着碧海白帆，悠闲地开始新的一天。

在阳朔、丽江的日子，我把生物钟调慢了4个小时，因为那里的早晨都是从11点开始的。当正午的太阳挂得高高的时候，街上的店铺才接二连三打开了门。我骑着脚踏车去咖啡馆要上一杯香浓的卡布奇诺咖啡，再加两块蛋糕，将身体深深地藏进竹椅宽大的靠背里，看书，或是发呆。

在越南的日子，每天被窗外的忙碌嘈杂和鼎沸的人声准时唤起，在汹涌的摩托车流中举步维艰地穿越马路，一路小跑来到街角的菜市。

狭窄的小巷里人头攒动，混杂着烟草、香料、汗水、水果和炊烟的生活气息。我挤在当地人中间，像他们那样点了炒河粉、蘸了盐巴的形如樱桃的小苹果，还有好喝的、至今念念不忘的Shake甘蔗汁；快乐地接受路人好奇的目光、小伙子的口哨，并报以友善的微笑。

在毛里求斯的日子，每天睡到自然醒，懒洋洋地去餐厅开始Brunch。一个馅料丰富的Omelette（鸡蛋饼），一段法式长棍面包外加一大杯牛奶，坐在没有丝毫杂质的蔚蓝色晴空下，和不请自来的毛国彩色麻雀一起，享用免费的清风暖阳。

这些旅途中难忘的早餐片段，深深影响了我的生活态度，让我即便回到匆忙的上海，依然坚持让自己每天拥有一个美妙的早餐仪式，Enjoy每一天的开始。

当然，这对很多人来说无疑是奢侈的，奢侈的不在于食物的金贵，而在于时间的充沛。绝大部分上班族无法每天举行这样的仪式，那就在每个周末许自己一个甜蜜的早餐洗礼，充满元气能量的香蕉奶油卷，两颗煎蛋，再来一大壶英国奶茶，让他在烘焙的香味中醒来，看到你在晨光中对他微笑。

元气香蕉卷，美妙的早餐仪式

蛋糕档案

大　　小：6寸
材料成本：约12元
制作时间：约1.5小时（其中包含0.5小时烘烤时间）
热　　量：每个约200卡

材料	
海绵蛋糕	低筋面粉75克、泡打粉1/4小勺、蛋黄2个、色拉油3大勺、牛奶3大勺、香草香精2~3滴、蛋白3个、砂糖40克
糖　　浆	砂糖10克、水50毫升、朗姆酒1大勺
掼 奶 油	鲜奶50毫升、砂糖25克
水　　果	香蕉3根

事先准备：

1. 低筋面粉过筛。
2. 香蕉去皮。
3. 烤箱预热到180°C。

1	2
3	

做法 〉〉〉〉〉

1. 蛋黄用打蛋器打散,依顺序加入色拉油、牛奶、香草香精混合,每种材料边加入边混合搅拌。
2. 加入过筛后的低筋面粉和泡打粉混合。
3. 蛋白中加一小撮砂糖,用电动打蛋机以4档打发。均匀蓬松后,将砂糖分三次加入,将电动打蛋机改为3档,边加入边打发。
4. 打发到捞起时前端会出现竖起的三角形的小山状。
5. 将半量4加入2,用打蛋器轻柔混合材料。再加入剩余的4混合,此时为了避免泡泡消失,用打蛋器从底部捞起混合。

4 | 5

元气香蕉卷,美妙的早餐仪式

6	7	8
9	10	

118　我的甜蜜战略

11
—
12

6. 将5倒入模具后提起到离桌面约10厘米的高度,自然落下1~2次,排空多余的空气。
7. 放入已预热的烤箱烤30~35分钟,以竹签刺,不粘稠就可以了。
8. 将装有鲜奶油的打蛋盆抵在冰水里,加入糖粉。
9. 用电动打蛋机打发到七分。
10. 将蛋糕倒扣在冷却架上冷却后横切成三片,取一片蛋糕,刷上糖浆。
11. 倒入1/3分量的9,涂抹均匀,注意蛋糕最外圈留大约1厘米距离,不要涂满。
12. 在蛋糕中间放入香蕉后,将左右两端粘合。

蓓蕾的小叮咛 >>>>>

1. 横切蛋糕时注意手势,不着急,慢慢来。用加热过的刀具切,会比较容易切得均匀漂亮。
2. 涂抹奶油时,注意不要将蛋糕全部涂满,这样卷起来时会有奶油溢出,不漂亮哦。

为甜品穿上 新衣

取一张食品级塑料纸,剪成合适的大小,将香蕉卷放在中间。

左右两端卷起后,在开口处用绳扎紧。

完成后,在中间用粘纸作装饰。

放入包装纸袋,封口后以丝带和粘纸作装饰。

熬过冬天的酷寒,终于盼到了春意盎然,这是连空气中都夹杂着草莓香的季节。每到这个季节,都会为路边水果摊上那抹郁郁的艳红动心,总是掩不住欢愉的心情,急急地把它们带回家。

一直喜欢草莓制成的甜品,喜欢它鲜艳的颜色,诱人的香气,还有甜中带酸的滋味,正是爱情的味道。

用泡芙做成的草莓千层派,滋润柔滑,草莓的酸甜和鲜奶油的清甜是绝妙的组合,有着非常棒的浓郁但不粘腻的口感。这不可抗拒的诱惑,带给我属于春天的雀跃心情。

爱情就像甜品里的草莓,从来都不是人生的主旋律,却是最迷人的副歌。我想用草莓来代表深情的吻,印红他的双唇。

草莓之吻千层派

蛋糕档案

大　　小:27×27厘米烤盘份
材料成本:30元
制作时间:约2小时(其中包含1小时冷藏时间)
热　　量:1/8片,约280卡

材料	泡　　芙：低筋面粉60克、无盐黄油50克、水110毫升、盐1小撮、鸡蛋3个
	奶油蛋酱：牛奶150毫升、鲜奶油50毫升、蛋黄2个、砂糖30克、玉米粉15克、香草香精2~3滴
	掼 奶 油：鲜奶油50毫升、糖粉10克
	水　　果：草莓20个
	装　　饰：糖粉适量

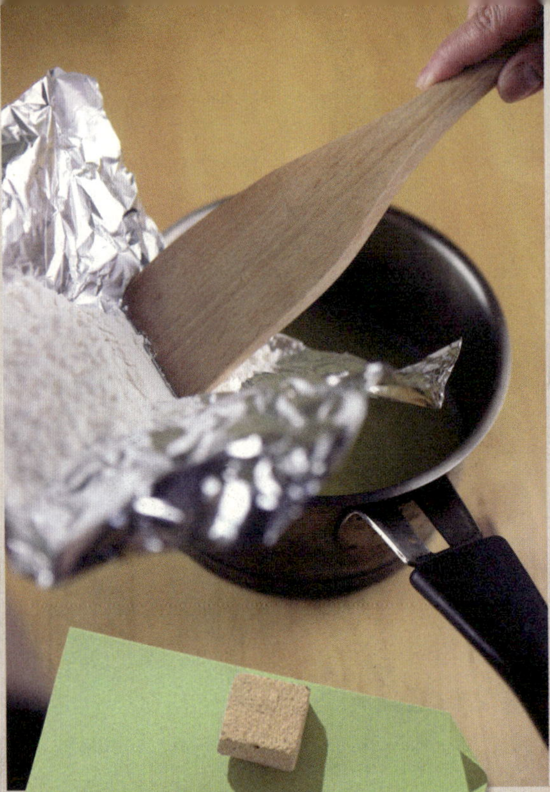

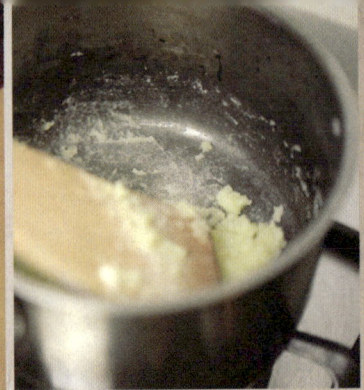

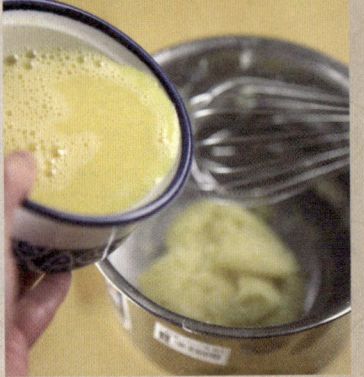

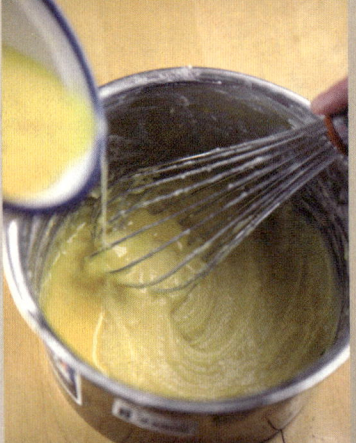

事先准备：

1. 低筋面粉过筛。
2. 准备裱花袋2个。
3. 做泡芙的鸡蛋打成蛋液。
4. 烤盘铺上烘焙纸。
5. 烤箱预热180°C。

1 | 2 3 4

做法 >>>>>

1. 将黄油、水、盐放入锅中,中火煮,黄油溶解后就离火。将面粉一次性全部加入,用搅拌刀迅速混合。
2. 再开中火,继续用搅拌刀搅拌,当材料在锅底形成薄膜时离火。
3. 将材料移到打蛋盆里,加入1/3量的蛋液。用打蛋器迅速混合。
4. 整体混合后,加入剩余蛋液的半量搅拌,再一点一点加入剩余的蛋液。
5. 捞起材料3秒钟左右可以形成三角状慢慢垂落的状态就OK了。
6. 将5倒入烤盘,用搅拌刀向四周抹平,用喷雾器喷水,放入已预热的烤箱烘烤18~20分钟。
7. 将牛奶和鲜奶油放进锅内煮,快沸腾时离火。
8. 将砂糖和蛋黄用打蛋器搅拌混合。
9. 加入玉米粉后再搅拌。
10. 将7一点点倒入9,搅拌混合。

5	6	7
8	9	10

11	12	13
14	15	16

11. 将搅拌好的材料用滤网过滤后回到锅里，开中火，用打蛋器从底部捞起混合并煮透。
12. 煮至变硬后，再用力搅拌，变成浓稠的奶油就离火。
13. 倒入打蛋盆，放入冰箱冷藏1小时。
14. 加入香草香精，用打蛋器搅拌，做成奶油蛋酱。
15. 将鲜奶油和糖粉放入打蛋盆，抵在冰水里用电动打蛋机打发。
16. 加香草香精后继续打发，打发到八分。

17. 将烤好的泡芙切掉边缘，修整形状，再切成四等份。
18. 将掼奶油和奶油蛋酱分别装入裱花袋，在其中一片泡芙上挤满奶油蛋酱。
19. 在奶油蛋酱上排列上草莓。
20. 放上一层泡芙，挤上掼奶油后再排列上草莓。
21. 重复18、19的步骤后，放上最后一层泡芙，装饰上草莓。用滤网撒上糖粉作装饰。

蓓蕾的小叮咛 〉〉〉〉〉

泡芙材料在锅里时用搅拌刀搅拌即可，移入打蛋盆后用打蛋器搅拌混合，蛋液不会形成一坨一坨的。蛋量太少膨胀不佳，但加得太多会凹扁。所以要用搅拌刀捞起观察，以能形成三角形的硬度就可以了。

为甜品穿上新衣

粉色的基调、水果的图案以及点睛的Sweet Time，盒子本身已经很美，再作装饰只会显得累赘，用食品级塑料纸沿着蛋糕形状包裹后放入即可。

"这里刚下了一场雨,送给你雨后的阳光轻暖、微风温柔。我独自一人行走在有你牵念的旅途中,经历着一场甜美的冒险。"明信片上密密地写满我当时心情,这张印着美景的漂亮纸片就有了情感的深度,郑重地贴上邮票投进邮筒,期待着它被敲上邮戳,带着我的思念飘洋过海,辗转送到你的手里。

此刻,我所在的这座城市空气轻透,温柔得恰到好处,阳光绚烂着,将天色衬得无限透明。

望着澄澈的碧空,突然升腾起一种孩童般的幻想,想要握住一片云彩送给你。

突然,一个新鲜闪亮的念头撞进我的脑海中:我要做一个像云朵般优雅的蛋糕,有着入口即化的轻盈口感。在松软的海绵蛋糕里,有柔滑的柠檬奶油,还要涂上棉花糖般松软的蛋白糖霜,堆成你嘴角微笑的弧度,让我的心意在奶油和蛋糕的缠绵里回味悠长。

我为这个绝妙的灵感而激动和狂喜了,我知道,在接下来的旅途中我都会沉浸在这个幸福的期待里。

亲爱的,很快我就要带着见闻和你一路的关怀回家了,如果这次的礼物里多了一个蛋糕,你会不会觉得惊喜?

柠檬蛋糕,云端的味道

蛋糕档案

大　　小:6寸
材料成本:约12元
制作时间:约1.5小时(其中包含0.5小时烘烤时间)
热　　量:1/8片,约240卡

材料	
海绵蛋糕：	低筋面粉75克、泡打粉1/4小勺、蛋黄2个、色拉油3大勺、牛奶3大勺、香草香精2~3滴、蛋白3个、砂糖40克
糖　　浆：	砂糖10克、水50毫升
柠檬奶油蛋酱：	牛奶200毫升、鲜奶油50毫升、蛋黄3个、砂糖25克、玉米粉20克、柠檬汁3大勺
柠檬蛋白糖霜：	蛋白2个、砂糖60克、柠檬汁2大勺
装　　饰：	糖粉适量

做法 》》》》》

1. 蛋黄用打蛋器打散,依顺序加入色拉油、牛奶、香草香精混合,每种材料边加入边混合搅拌。
2. 加入过筛后的低筋面粉和泡打粉混合。
3. 另取容器,蛋白中加一小撮砂糖,用电动打蛋机以4档打发。

事先准备:
1. 低筋面粉过筛。
2. 糖浆用砂糖和水煮沸后冷却。
3. 烤箱预热到180℃。

5	6	7
8	9	10

4. 均匀蓬松后，将砂糖分三次加入，将电动打蛋机改为3档，边加入边打发。
5. 打发到捞起时前端会出现竖起的三角形的小山状。
6. 半量5加入2，用打蛋器轻柔混合材料。加入剩余的5混合，此时为了避免泡泡消失，用打蛋器在底部捞起混合。
7. 将6倒入模具后提起到离桌面约10厘米的高度，自然落下1~2次，排空多余的空气。
8. 放入已预热烤箱烤30~35分钟，以竹签刺，不粘稠就可以了，将蛋糕倒扣在冷却架上冷却。
9. 牛奶和鲜奶油放进锅内煮，快沸腾时离火。
10. 将砂糖和蛋黄用打蛋器搅拌混合。

11. 加入玉米粉后再搅拌。
12. 将9一点点倒入11,搅拌混合。
13. 用滤网过滤后回到锅里,开中火,用打蛋器从底部捞起后混合煮透。
14. 煮至变硬时,再用力搅拌,变成浓稠的奶油就离火。加入柠檬汁3大勺,倒入打蛋盆,放入冰箱冷却1小时。
15. 取出加入香草香精,用打蛋器搅拌,做成奶油蛋酱。
16. 将蛋糕脱模,中间挖一个洞。
17. 往下按压,形成坑状。
18. 在凹坑里刷上糖浆后,再涂上柠檬奶油蛋酱。
19. 另取容器,蛋白中加入一小撮糖,用电动打蛋机打发。
20. 均匀蓬松后将砂糖分三次加入,边加入边打发。
21. 打发到捞起会竖起三角形的状态。
22. 加入柠檬汁迅速混合,成为柠檬蛋白糖霜。
23. 在蛋糕上放上柠檬蛋白糖霜,形成凹凸状。
24. 稍做整理,撒上糖粉。
25. 将烤箱重新预热至200℃,放入蛋糕烤3分钟左右,到蛋白糖霜上稍微出现一点点烤色焦痕。

11	12	13
14	15	16
17	18	19

20	21	22
23	24	25

柠檬蛋糕,云端的味道

蓓蕾的小叮咛 >>>>>

一定要将烤箱充分预热到指定温度哦，不然好不容易做好的蓬松蛋白糖霜不仅没办法烤出漂亮的焦痕，还会萎缩。要知道，表面酥脆、内里蓬松的口感就是这款蛋糕美味的要点。相信甜心们现在已经能和烤箱亲密相处了，这点小难度一定不在话下！

蓓蕾的偷懒妙招 >>>>>

如果甜心们不想大动干戈，但是又想品尝美味，那就把做蛋糕坯的那部分省略吧，直接去蛋糕房买一个6寸的海绵蛋糕来用。把精力集中于柠檬奶油的制作和蛋白糖霜的烘焙。

蓓蕾的幸福提案 >>>>>

美丽的东西总是稍纵即逝的，这个蛋糕放置一段时间后，蛋白糖霜会分泌出水分，出炉之后就需要立即品尝，不然美味就大打折扣了。因此，这是个非常适合犒赏自己的"私享"蛋糕，不太适合当作礼物送人哦。再加一杯鸡尾酒怎样？雪碧中加一点点郎姆酒，再放两片柠檬，这样就太完美了。

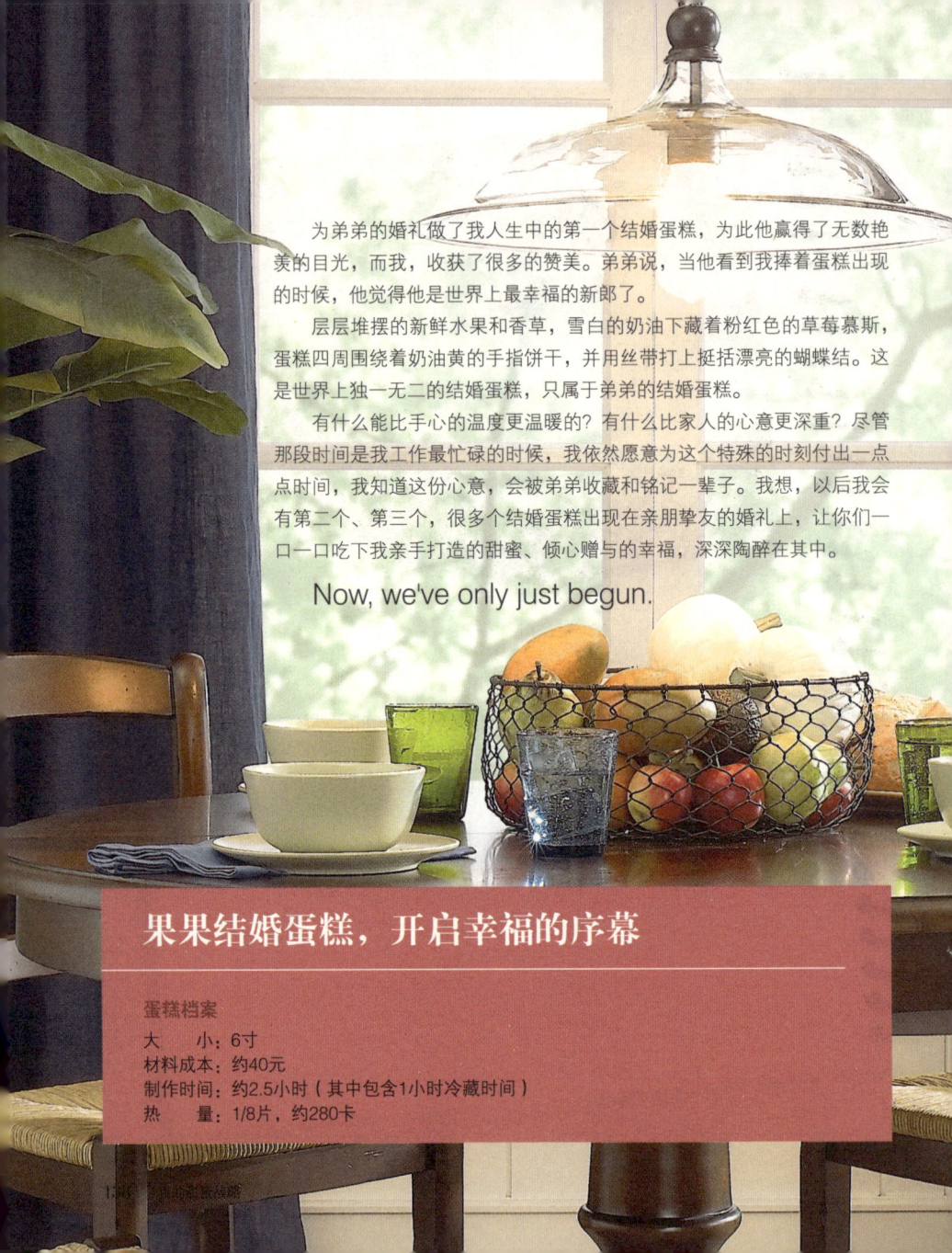

　　为弟弟的婚礼做了我人生中的第一个结婚蛋糕，为此他赢得了无数艳羡的目光，而我，收获了很多的赞美。弟弟说，当他看到我捧着蛋糕出现的时候，他觉得他是世界上最幸福的新郎了。

　　层层堆摆的新鲜水果和香草，雪白的奶油下藏着粉红色的草莓慕斯，蛋糕四周围绕奶油黄的手指饼干，并用丝带打上挺括漂亮的蝴蝶结。这是世界上独一无二的结婚蛋糕，只属于弟弟的结婚蛋糕。

　　有什么能比手心的温度更温暖的？有什么比家人的心意更深重？尽管那段时间是我工作最忙碌的时候，我依然愿意为这个特殊的时刻付出一点点时间，我知道这份心意，会被弟弟收藏和铭记一辈子。我想，以后我会有第二个、第三个，很多个结婚蛋糕出现在亲朋挚友的婚礼上，让你们一口一口吃下我亲手打造的甜蜜、倾心赠与的幸福，深深陶醉在其中。

Now, we've only just begun.

果果结婚蛋糕，开启幸福的序幕

蛋糕档案

大　　小：6寸
材料成本：约40元
制作时间：约2.5小时（其中包含1小时冷藏时间）
热　　量：1/8片，约280卡

材料	
海绵蛋糕：	低筋面粉100克、鸡蛋3个、砂糖90克、无盐黄油20克、牛奶2大勺、香草香精2~3滴
糖　浆：	砂糖10克、水40毫升
香橙慕斯：	蛋黄1个、砂糖40克、牛奶90毫升、明胶1小勺、鲜奶油150毫升、柠檬汁1大勺、香橙果酱1瓶(170克)
掼奶油：	鲜奶油100毫升、糖粉15克、香草香精2~3滴
装　饰：	手指饼干17支、黄桃、奇异果、罐头樱桃、薄荷叶适量、包装用丝带50厘米

1	2	3
4	5	6

事先准备:
1. 低筋面粉过筛。
2. 黄油用微波炉加热或隔水溶解。
3. 糖浆用砂糖和水煮沸后冷却。
4. 明胶用2大勺水泡开。
5. 手指饼干一端切掉3厘米。
6. 黄桃切成块,奇异果切成丁。

做法 》》》》

1. 用打蛋器打散鸡蛋,依顺序加入色拉油、牛奶、香草香精混合,每种材料边加入边混合搅拌。
2. 加入过筛后的低筋面粉和泡打粉混合。
3. 另取容器,蛋白中加一小撮砂糖,用电动打蛋机以4档打发。
4. 均匀蓬松后,将砂糖分三次加入,将电动打蛋机改为3档,边加入边打发。

	7	8	9
	10	11	12

5. 打发到捞起时前端会出现竖起的三角形的小山状。
6. 半量5加入2，用打蛋器轻柔混合材料。再加入剩余的5混合，此时为了避免泡泡消失，用打蛋器从底部捞起混合。
7. 将6倒入模具后提起到离桌面约10厘米的高度，自然落下1~2次，排空多余的空气。
8. 放入180℃的烤箱烤30~35分钟，以竹签刺不粘稠就可以了，将蛋糕倒扣在冷却架上冷却。
9. 蛋黄和砂糖放入奶锅里用打蛋器混合。
10. 牛奶加热到快沸腾时离火，一点点加入9里，边加边混合。
11. 开小火，用搅拌刀搅拌混合到变粘稠。以手指在上面划线，如果呈不会拉丝的粘稠状就离火。
12. 加入泡开的明胶，搅拌混合到完全相融。

13. 在冰水里边搅拌边冷却。
14. 用滤网过滤混合物。
15. 加入香橙果酱，用搅拌刀混合均匀。
16. 鲜奶油抵在冰水里，用电动打蛋机打发到六分。
17. 将16倒入15，用搅拌刀混合均匀，成为香橙慕斯。
18. 将蛋糕横切成两片，薄薄刷上糖浆。
19. 其中一片涂抹上17，围上慕斯围边。
20. 再叠上一片蛋糕，放入冰箱冷藏1个小时。
21. 将鲜奶油和糖粉放入打蛋盆，抵在冰水里用电动打蛋机打发。

13	14	15
16	17	18
19	20	21

| 22 | 23 | 24 |
| 25 | 26 | 27 |

22. 加香草香精大致混合一下。
23. 继续打发到蓬松且提起呈三角状的八分发程度。
24. 取出蛋糕，涂抹上23，用刮刀刮平。
25. 取下慕斯围边，用手指饼干围边。
26. 丝带围绕后打蝴蝶结固定。
27. 用水果装饰，点缀新鲜薄荷叶。

蓓蕾的小叮咛

1. 手指饼干要不留空隙地排列才会显得美观。
2. 为了增加婚礼的圣洁气氛和隆重感,可用透明宽丝带和窄丝带叠放组合,这样打出的蝴蝶结会更漂亮。
3. 水果随意地在中间堆摆成小山坡的形状,最后插上新鲜薄荷叶。

为甜品穿上新衣

选取纯白色蛋糕盒,装饰上心形的图案。在提手上用丝带打结装饰,附上亲手写的祝福卡片。

蓓蕾的偷懒妙招 》》》》》

如果甜心们时间紧迫就直接去面包房买一个海绵蛋糕来用,用心做好香橙慕斯就可以啦。

＃ Shopping Guide

Part 5

Shopping Guide

不得不承认，"烘焙"在我们国家还未普及，烘焙工具和原料在很多超市还是属于稀有商品，即便在 City Shop 这样针对老外的超市里，都很难一站购齐。即便买全了，也要为那些大容量的包装头疼不已，毕竟我们不是老外全职主妇，隔三岔五地钻在甜品堆里。

在这里，我要感谢马云同志，淘宝让我轻点鼠标、足不出户、不费舟车劳顿就有快递员抱着一个大箱子送货上门。因为没有店租的压力，淘宝上的烘焙工具和原料比之实体店铺要便宜 20%~40%，那些即便连 City Shop 里都少见的材料和品牌在淘宝上就变得稀松平常。贴心的原料分装让偶尔烘焙的甜心们不用再担心食材的保质期。同时也要感谢家居品牌 Harbor House，感谢他们提供的美妙家具和布景照片。

Babe 是不折不扣的淘宝控，我的烘焙工具和原料皆来自神奇万能的淘宝。推荐几家 Babe 经常去的店铺，给各位甜心有个参考。

擅自做煮

店　　址：http://chongchong-kitchen.taobao.com/
店 主 ID：菜青虫（一皇冠卖家）
店铺介绍：以售卖进口中高档烘焙用具和原料为主，亦有很多别致的烘焙周边产品。店主非常随和友善，东西包装尤为仔细周到，简直让人感动。如果是High Level的甜心，喜欢享受5星级酒店的食材，来这家就对了。

小胖烘焙屋

店　　址：http://xp917.taobao.com/
店 主 ID：xp917（四皇冠卖家）
店铺介绍：三能器具、祁和电器、长帝烤箱的特约经销商，平价烘焙原料食材的大本营，烘焙书籍、周边产品一应俱全。Babe跟着小胖很多年了，一如既往地耐心和周到。

花悠飘零

店　　址：http://xiaoxiaofendudu.taobao.com/
店 主 ID：小小粉嘟嘟（一皇冠卖家）
店铺介绍：店主MM非常可爱，态度很温婉。对甜品外包装要求多多，喜欢DIY的甜心们不妨来这家转转，日本韩国进口的各类烘焙周边产品经得起Babe这样挑剔的眼光，相信我的推荐啦。

后 记

张爱玲有句名言："通往男人心的路，是胃。"其实女人又何尝不是呢，饮食男女，食色性也，你我皆是红尘间的凡夫俗子，追求的始终都是带着烟火味的幸福。

书名之所以叫《我的甜蜜战略》，就因为甜品是我赢得友谊和爱情的法宝。我常自夸，我在朋友圈子里出名的原因，很大程度上得益于我收买了很多人的胃。

其实，烘焙于我而言还是一种减压方式。女孩子每个月不可避免会有心情不好的几天，怎么发泄？我有个绝招哦，就是——把面团当成看不顺眼的老板一顿捶打，把巧克力、奶酪当成情敌千刀万剐，哈哈哈哈。集中精力忙了几个小时之后，突然就觉得释然了，多么绿色环保无公害。第二天，带着甜品跑去公司招待同事，在他们"哇哦，你亲手做哒，好棒呀"的惊讶声和赞美声中自信心膨胀，之后的时间不但充满了活力，还拉近了和同事之间的距离。看看，负面情绪变成了积极能量，这是烘焙神奇的衍生力量！

金三顺有句台词我非常喜欢："作家，在夜晚写作，早上让爱人第一时间阅读自己的作品。我是一个甜点师，我最大的理想就是让我喜欢的人成为我糕点的第一个品尝者。"而我呢，就想贪心地把这合二为一，在这个特别的劳作方式里得到一种幸福的满足感。

每一个甜品都是甜蜜的艺术作品，懂得欣赏它、享受它，是一种品味慢生活的方式。把爱当作原料放进你的甜品里，让烘焙协助我们在这个嘈杂的世界里，以一种轻松舒适的姿态去寻找隐于喧嚣间的乐趣，在生活里多一些美妙的慢镜头。记录生活中每一个关于爱的小片段，珍藏每个甜品背后的动人故事，远远大于烘焙本身的意义。

真心希望烘焙能为甜心们的生活打开一扇全新的窗户，开启所有关于甜美的梦想，留下与生活、与爱对话的最美记忆，在成为 Sweetie Pie 的漫漫长途中，请记得，我们结伴而行。

所有的美好时刻，一定都有甜的标签！

所有的幸福词汇，一定都带着甜的味道！

图书在版编目(CIP)数据

我的甜蜜战略/张蓓蕾著．—济南：山东美术出版社，2010.11

（恋爱中的女人）

ISBN 978-7-5330-3287-6

I.①我… II.①张… III.①食谱IV.①TS972.134

中国版本图书馆CIP数据核字(2010)第213548号

项目统筹：张　芸
责任编辑：陈　琦
装帧设计：储　平
排版制作：人马艺术设计工作室
出版发行：山东美术出版社
　　　　　济南市胜利大街39号（邮编：250001）
　　　　　http://www.sdmspub.com
　　　　　E-mail:sdmscbs@163.com
　　　　　电话：0531-82098268　传真：0531-82066185
　　　　　山东美术出版社发行部
　　　　　济南市胜利大街39号（邮编：250001）
　　　　　电话：0531-86193019　传真：0531-86193028
制版印刷：山东临沂新华印刷物流集团有限责任公司
开　　本：150×180毫米　32开　5印张
版　　次：2010年11月第1版　2010年11月第1次印刷
定　　价：28.00元